할미의
숨마실

할미의
숲마실

사계절 자연에서 배워보는
155가지 즐거운 숲놀이

전명옥 글·사진

궁리
KungRee

숲속 자연놀이의 재료와 방법이 무궁무진함을 알게 해주는 좋은 책의 추천사를 쓰게 되어 기쁘게 생각합니다. 대부분의 어린이들은 모든 것을 새롭고 신기하게 바라보며 노는 것을 좋아합니다. 눈 녹은 산에 올라 진달래를 한 아름 꺾고, 꽃잎을 따서 먹어도 보며, 꽃을 머리에 꽂아도 봅니다. 달래와 냉이도 캐서 냄새를 맡아보고, 민들레의 솜털 같은 열매 불기를 좋아합니다. 다람쥐가 즐겨 먹는 도토리 열매를 주워 팽이를 만들거나, 벼 베기가 끝난 논에 떨어진 이삭을 주워 먹기도 했었습니다. 이렇듯 자연을 통해 오감으로 느꼈던 기억들은 책에서 배우는 지식들보다 더 오랫동안 머릿속에 남아 있다는 사실을 누구나 경험했을 것입니다. 이러한 자연에서의 체험은 창의력을 키울 수 있는 중요한 밑거름이 됩니다.

저자는 책 제목에서부터 '할미'라고 할 만큼 오랫동안 어린아이들과 함께 '숲마실'을 다녔고 지난 10년 동안 다양한 숲놀이를 생각해내고 직접 해본 전문가입니다. 그러면서도 '어른아이'라고 생각할 만큼 동심을 잃지 않은 순수한 마음과 창의력이 넘치는 진정한 교육자입니다. 소개된 놀

이들을 살펴보니 오랜 경험에서 얻은 어린이들의 눈높이에 맞춰 누구나 쉽게 따라할 수 있도록 정리하였습니다. 예를 들어 도토리 각두 하나로 열 가지가 넘는 놀이를 한다니 놀라울 따름입니다. 이러한 숲놀이를 통해 지적 흡수력이 왕성한 시기의 어린이들은 관찰력과 창의력을 키울 수 있을 뿐 아니라, 자연과 접촉하면서 바르고 따뜻한 인성을 갖게 되리라고 생각됩니다. 무엇보다 오랜 경험과 열정을 바탕으로 자연을 배울 수 있는 좋은 책을 집필한 저자의 노력에 찬사를 보냅니다.

이남숙(이화여자대학교 생명과학과 명예교수, 서대문자연사박물관장)

'발로 쓴 글'이란 표현이 있습니다. 글을 잘 못 쓴 경우에도 말하지만 그런 뜻과 달리 머리로 생각해서 쓴 게 아니라 구석구석 직접 발로 뛰며 면밀히 자료를 조사하고 쓴 글을 가리킵니다. '꿈샘' 전명옥 선생님의 『할미의 숲마실』을 보니 그 말이 생각납니다.

전문가들은 이론을 명확히 이해하고 정리하며 강연을 할 수 있을지는 몰라도 직접 아이들을 만나서 자연스럽게 놀이를 한다는 것은 어렵습니다. 완벽하지 않아도 아이들과 그 계절, 그 장소에서 어떻게 놀아야 할지 마치 자판기를 누르면 툭! 하고 튀어나오듯 자연스럽게 노는 경지에 오르는 것은 현장에서 오랜 시간의 경험이 있어야 가능한 일입니다. 특히, 이번 책에서 소개하는 집 가까이 있는 마을 숲에서 손녀와 함께 마실 나가듯 가볍고 즐겁게 하는 놀이들은 누구나 쉽게 따라할 만합니다.

요즘은 맞벌이 부부들이 많아 아이들은 할아버지 할머니와 함께 지내는 시간이 많습니다. 그런데, 할아버지 할머니는 맘껏 놀아주기가 어렵습니다. 체력이 따라주지 않거니와 어떻게 놀아야 할지 잘 모르기 때문입니다. 그 예시를 전명옥 선생님이 이 책에서 보여주고 있습니다. 아이와

즐겁게 놀고 싶으시다면 그냥 아이를 데리고 나가십시오. 자연이 아이들의 좋은 놀이터가 되어줄 겁니다. 다만, 그 방향이 조금 고민되고 걱정되면 이 책을 들고 나가시면 됩니다. 많은 할아버지, 할머니, 아버지, 엄마, 손자, 손녀들이 행복해지길 바랍니다.

황경택(만화가, 황경택생태놀이연구소 소장)

제 기억에 있는 첫 자연은 60년 전 일곱 살 때 1년간 큰댁에서의 시골살이 때입니다. 꽃들이 활짝 핀 너른 마당과 소나무와 대나무가 자라던 뒷동산은 들판과 더불어 신나는 자연 놀이터였습니다. 푹신한 나뭇잎을 들추어 찾아낸 버섯과 몰라보게 쑥쑥 자라던 죽순은 놀라움과 신기함의 대상이었습니다. 감꽃이 필 때면 할머니께서 감꽃으로 목걸이를 만들게 해주셨습니다. 그렇게 자연과 더불어 자유롭게 지내던 1년이 자연을 좋아하게 된 씨앗이 아니었나 싶습니다.

국민학교에 입학하면서 시작된 서울살이도 다행히 늘 자연과 함께였습니다. 형제들, 친구들과 쏘다니던 북악산과 한양 성곽, 대학시절 친구들과 자주 찾은 크고 작은 산들도 제가 자연과 교감을 느끼는 바탕이 되었습니다.

1986년부터 유치원을 운영하면서 많은 유치원 교육 프로그램 중에서도 삶의 밑거름이 될 '책'과 '자연'을 택하게 되었습니다. 유치원에서 걸어서 갈 만한 거리에 있던 '비밀의 숲', 5분 거리의 '보물섬 공원', 유치원

주변 아파트 정원들이 모두 유치원 친구들에게 넉넉한 자연 놀이터였습니다. 하지만 처음에는 숲에 데리고만 다녔지 널린 자연물이 아이들의 상상력과 창의력을 키우는 놀잇감이 된다는 생각을 미처 하지 못했습니다.

그러다가 2011년 네이버 카페 '황경택생태놀이연구소'에서 어떻게 자연을 대해야 하는지, 아이들과 자연에서 어떻게 놀아야 하는지 배우게 되었습니다. 그곳에서 알게 된 놀이를 아이들과 나누고, 여기에 아이들의 창의력을 덧붙이는 경험은 제게 큰 기쁨이었습니다. 하나라도 더 알려주시려는 황경택 선생님 덕분에 10년 넘게 유치원 친구들과 행복하고 즐거운 숲놀이를 할 수 있었습니다.

37년간 유아들과 함께 지내다 보니 유아들은 모으기를 참 좋아한다는 것을 알았습니다. 크고 작은 나뭇가지, 꽃잎, 나뭇잎, 열매들을 모아서 놀고 집에 가져가고 싶어했습니다.

놀면서 관찰도 하고 아름다움을 느끼며 표현하는 모습이 참 보기 좋았습니다. 그러면서 자연에서 구한 놀잇감으로 아이들의 눈높이에서 잘 놀고, 다시 자연으로 돌려보내는 것까지 생각하게 되었습니다.

　특히 4년 전부터 가까이 사는 두 손녀와 숲에서 자주 놀았습니다. 비 오는 날도, 눈 오는 날도, 몹시 추운 날도 그 날씨가 주는 특별한 놀이를 할 수 있었습니다. 가까운 숲을 자주 갔기에 숲의 변화를 금방 알아채고, 전에 만난 동식물에 대한 이야기도 계속 이어갈 수 있었습니다.

　놀이의 동역자인 유치원 친구들, 두 손녀와 나눈 숲놀이 자료가 모이자 함께 나누고픈 마음이 생겼습니다. 평소 즐겨하던 사진과 30년 넘게 한 꽃꽂이도 책을 꾸리는 데 도움이 되겠다는 생각이 들었습니다. 코로나 팬데믹이 심각해지면서 한창 자연을 경험할 최적의 시기를 놓치고 있는 것이 안타까워 서둘러 이 책을 펴내게 되었습니다.

　시중에 나와 있는 많은 숲놀이 책은 숲 해설사 등 전문가를 위한 경우가 대부분입니다. 오랜 유치원 현장 경험을 바탕으로 4세~초등학교 저학년 정도 아이들과 함께 지내는 학부모와 교사들이 쉽게 해볼 수 있는 숲놀이를 담았습니다. 사계절로 나눈 155가지의 놀이를 다시 나뭇가지, 나뭇잎, 꽃, 열매 등으로 나눠 때에 맞춰 적합한 숲놀이를 할 수 있도록 안

내하고 있습니다.

　아무쪼록 학부모님들도 어렵다 생각하지 말고 아이들처럼 단순하고 쉽게 놀아보고, 하나의 자연물을 다양한 방법으로 활용해보면서 즉흥적이고 창의적으로 새로운 놀이를 만들어내는 즐거움을 경험해보시길 바랍니다.

　더 많은 아이들과 부모님들이, 육아를 돕는 조부모님들이, 유아들과 유아교육기관 교사들이 숲으로 가벼운 발걸음을 하면서 자연과 친해지는 데 많은 도움이 되었으면 합니다.

　부족한 원고를 자연의 이치와 삶의 이치를 두루 살피는 좋은 책들과 나란히 할 수 있도록 선택해주신 궁리출판사와 원석에서 보석으로 거듭나도록 수고해주신 김현숙 편집자님께 깊이 감사드립니다.

　일러스트로 참여한 조카 수연이, 격려해준 남편과 가족들에게 감사하고, 특히 할미와 숲에서 좋은 놀이 동반자이자 모델이 되어준 손녀 가은이와 나은이에게 큰 고마움을 전합니다. 물심양면 도움을 준 친구들, 길

잡이가 되어주신 황경택 선생님과 생태놀이를 함께 배우고 나누는 황경택생태놀이연구소 회원들께도 감사함을 전합니다. 자연이 좋은 환경에서 자라게 해주시고 나눔과 사랑의 본을 보여주신 하늘에 계신 부모님께 깊이 감사드립니다. 귀한 책을 내기까지 제 삶을 인도해주신 하나님께 큰 영광 돌립니다.

2022년 4월

전명옥

차례

추천사 4

저자의 말 8

숲마실을 준비하며

1. 숲놀이의 힘 21

2. 숲놀이, 이렇게 시작해보세요 27

두근두근 봄 숲놀이

찾았다 로제트! 36

그려보자 로제트! 36

그루터기 위에 꾸미기 40

그루터기로 놀기 40

나뭇가지 거미줄 42

나뭇가지 새 둥지 42

막대기 마임 44

수피에서 얼굴 찾기 46

수피에서 모양 찾기 47

목련 겨울눈 나뭇가지 붓 48

죽순 수묵화 50

칡 붓 52

칡줄기 거품벌레 놀이 54

칡 줄넘기 54

민들레꽃 점토 58

민들레꽃으로 '나' 꾸미기 59

민들레꽃 사자 60

민들레꽃과 그림자 60

민들레꽃대 피리 62

민들레꽃 귀걸이 62

개나리꽃 핀 64

개나리꽃 별자리 64

산철쭉꽃과 민들레꽃 합체 66

화관 & 꽃목걸이 68

영산홍꽃 수피꽂이 68

그림판 꽃꽂이 70

꽃액자 70

꽃으로 명화 완성하기 72

개양귀비 꽃잎 발레리나 74

목련 겨울눈 껍질 콜라주 76

목련 꽃잎 토끼 76

목련 꽃잎을 모아서 78

벚꽃잎 타투 80

벚꽃 별자리 81

진달래 카나페 82

플라워 뷰어 84

솔방울에 꽃꽂이 86

솔방울로 동물 만들기 86

....

손녀들과 봄 숲놀이 1 38

손녀들과 봄 숲놀이 2 56

손녀들과 봄 숲놀이 3 88

2부

성큼성큼 여름 숲놀이

나뭇잎 그릇 92

나뭇잎 바느질 92

나뭇잎 프로타주 94

클로로필 컬러링 94

대나무잎 배 96

대나무잎 달팽이 98

나뭇잎 손님과 애벌레 미용사 100

나뭇잎 구성하기 101

물방울 저금통 102

물웅덩이 거울 102

우산 디자이너 104

아까시 잎줄기 놀이 106

아까시 코뿔소 108

아까시 가시 압정 108

칡잎 나비 110

칡잎 무늬 내기 112

환삼덩굴잎 훈장 114

능소화 부케 118

능소화꽃 인형 118

맨드라미꽃 발레리나 120

맨드라미꽃 닭 121

무궁화 꽃잎 나비 122

밤꽃으로 놀아요 124

감꼭지 미니 부케 128

감꼭지 배씨 머리띠와 목걸이 128

감꼭지 요술봉 130

감꼭지 팽이 131

강아지풀 모빌 132

강아지풀 마술 132

개양귀비 열매 조형놀이 134

개양귀비 열매 문양 찍기 135

목련 열매 구성 놀이 136

목련 어린 열매로 그리기 137

뱀딸기 반지 138

뱀딸기 부케 138

버찌 악보 놀이 140

버찌 물감 놀이 141

옥수수 껍질 코사지 142

....

손녀들과 여름 숲놀이 1 116

손녀들과 여름 숲놀이 2 126

손녀들과 여름 숲놀이 3 144

3부

알록달록 가을 숲놀이

나뭇잎 가면 148

나뭇잎 공 149

나뭇잎 꼬치 150

나뭇잎 팔레트 151

나뭇잎 도화지 & 편지지 152

나뭇잎 패션쇼 152

나뭇잎 망원경 154

나뭇잎 가방 156

나뭇잎 그림자 158

나뭇잎 목걸이 160

나뭇잎 박쥐 160

나뭇잎 비행기 162

나뭇잎 색상환 162

나뭇잎 색종이 164

나뭇잎 스테인드글라스 164

나뭇잎 선물 꾸러미 166

나뭇잎 왕관 166

나뭇잎 연 168

나뭇잎 요술봉 168

나뭇잎 자화상 170

나뭇잎 촛불 170

나뭇잎 치마 172

나뭇잎 피자 172

나뭇잎 하트 174

나뭇잎 훈장 176

은행잎 나비 178

은행잎 꽃 178

풀 가발 놀이 180

나뭇가지 직조 184

나뭇가지 낚시 184

춤추는 참나무 가지 186

꽃잎 염색 190

꽃사과 얼굴 194

꽃사과 꽃꽂이 196

도토리 각두 소꿉놀이 198

도토리 각두 인형 200

도토리 각두 목걸이 200

도토리 각두 탑 쌓기 202

도토리 각두 팽이 202

도토리 각두 피리 204

말밤 구슬치기 206

말밤 꼬리별 206

말밤 얼굴 208

말밤 껍질 무당벌레 208

말밤 껍질 돛단배 210

미국자리공 열매로 그리기 212

미국자리공 열매로 염색하기 212

밤 쭉정이 수저 214

밤 피리 214

산딸나무열매 막대사탕 216

산딸나무열매 하트 216

잣방울 나뭇잎 새 & 고슴도치 218

....

손녀들과 가을 숲놀이 1 182

손녀들과 가을 숲놀이 2 188

손녀들과 가을 숲놀이 3 192

손녀들과 가을 숲놀이 4 220

4부

포근포근 겨울 숲놀이

나뭇잎 붓 224

수경 재배 224

나뭇가지 메모 꽂이 228

나뭇가지 별 228

나뭇가지 미로 230

Y자 나뭇가지로 놀기 231

나무 구성 놀이 232

나뭇잎 구성 놀이 232

산가지 놀이 234

수피, 열매로 꾸미기 236

수피에서 눈 모양 찾기 236

수피에서 보물찾기 238

수피와 호랑이 238
드라이플라워 꽃꽂이 242
각두 구성 놀이 243
단풍나무 씨로 놀기 244
솔방울 새 먹이통 246
솔방울 루돌프 246
걷다 보면 248
눈 그림판 250
눈 성 막대 쓰러뜨리기 250
눈 애벌레 252

눈 조각 252
눈 케이크 만들기 254
얼음 공룡 화석 254
얼음 리스 만들기 256
얼음 조각 컬링 256
....
손녀들과 겨울 숲놀이 1 226
손녀들과 겨울 숲놀이 2 240
손녀들과 겨울 숲놀이 3 258

에필로그

아이들과 숲놀이 10년 263

부록

| 부록1 | 안전하게 숲놀이를 하려면 273
| 부록2 | 자연에 뿌리를 둔 숲놀이 274
| 부록3 | 숲놀이 Q & A 277
| 부록4 | 자연활동지 280
| 부록5 | 아이와 함께 가볼 만한 숲놀이 추천 장소 282
| 부록6 | 보물섬 공원의 생태지도 284
| 부록7 | '할미의 숲마실'이 권하는 11살이 되기 전에 해보면 좋을 숲놀이 40선 287

숲마실을
준비하며

1

숲놀이의 힘

"아이들은 직접적인 경험을 통해 훌륭한 자연이라는 책을 읽는다."

— 웬델 베리

편해문 작가는 『아이들은 놀이가 밥이다』에서 이렇게 말하고 있습니다. "하루를 잘 논 아이는 짜증을 모르고, 10년을 잘 논 아이는 마음이 건강하다. 음식을 고루 먹어야 건강하게 자라듯이 '놀이밥'도 꼬박꼬박 먹어야 건강하게 자랄 수 있다." 아이들에게 놀이는 삶 그 자체이며, 세상을 이해하는 방법이 됩니다. 아이들은 놀이를 통해 성장하고 발달하며 함께 살아가는 법을 배우게 됩니다. 아이들은 누가 가르쳐주지 않아도 쉴 새 없이 주변을 탐색하고 그것들을 가지고 즐겁게 놉니다. 어떠한 결과를 얻기 위함이 아닌 놀이 그 자체로 열과 성을 다하는 아이들에게 놀이는 그 무엇보다 소중한 것입니다. 스스로 배울 수 있는 힘을 길러주는 것이 놀이입니다.

　어떤 공간에서 노느냐는 놀이의 질을 결정하는 중요한 요소 중 하나입니다. 산업화와 빠른 경제 성장 속에 아이들의 놀이 공간은 점차 줄어들었습니다. 자유로운 바깥놀이가 있던 자리는 TV나 컴퓨터 게임 등 혼자 즐기는 실내 놀이로 많이 채워지고 있습니다. 아이들이 자연과의 경험을 통해 얻는 것에는 실내 경험으로는 얻을 수 없는 것이 많습니다.

　아이들은 자신이 관심과 흥미가 있는 공간에서는 자발적으로 놀이에 참여하고, 주도적이고 역동적으로 움직입니다. 아이들의 상상력이 자라나고 창의성이 싹트고 사회성이 이뤄지는 최적의 공간은 자연입니다. 어릴 적 기억을 떠올리는 큰 매개체는 자연입니다. 자연이라는 공간이 주는 에너지가 우리의 감각을 깨웁니다. 몸을 자연 에너지로 채우면 마음은 긍정적인 힘이 차오릅니다.

　공간과 더불어 충분한 놀이 시간도 중요합니다. 넉넉한 놀이 시간은 보다 자유롭고 주도적으로 놀이에 집중할 수 있게 합니다. 놀면서 자신의 본능과 감정을 마음껏 나타낼 수 있으려면 놀이 시간이 넉넉해야 합니다. 또래와 적극적인 상호작용과 문제를 해결하려면 충분한 놀이 시간이 필요합니다. 아이들의 삶 속에서 일어나는 모든 경험이 놀이가 됩니다. 놀이를 통해 세상을 배우고 그에 대한 이해를 넓히게 됩니다. 아이들에게 특히 필요한 것은 부모와 함께 노는 시간입니다. 그런데 아이와 놀 수 있는 시간이 많지 않고 또 생각보다 길지 않습니다.

자연은 아이들에게 가장 좋은 놀이터이자 총체적인 교육의 터전입니다. 자연에서 발견한 것에 감탄과 놀라움을 자연스럽게 쏟아내는 것이 살아 있는 아이들의 모습입니다. 아이들에게 가르치려 들면 그들의 생생한 감성은 빛을 잃습니다. 자연에서 보내는 시간이 줄어들수록 감각은 퇴화되고 그에 따른 경험도 줄어들게 됩니다. 더 많은 자연 체험 기회가 그들을 살립니다. 자연에서 잘 노는 아이들은 몸도 쑥쑥 커가며, 창의력과 체력도 함께 자라납니다. 자연은 아이들의 상상을 마음껏 펼칠 수 있는 빈 도화지입니다. 다양한 자연 놀잇감은 창의적인 표현을 이끌고 풍부한 예술적 경험을 쌓게 됩니다.

자연에서 일어나는 현상을 오감으로 체험하는 것은 아이들의 호기심을 자극하여 더 많은 것을 느끼고 발견하고 이해하게 됩니다. 진정한 자연의 모습을 볼 수 있는 눈은 창의력을 키우는 씨앗이 됩니다. 아이들이 모든 감각을 통해 자연을 경험할 수 있어야 합니다. 나무의 수피를 만져보고, 관찰하고, 들꽃 향기를 맡아보고, 이끼를 맨발로 걸어보고, 새소리에 귀를 기울이는 것이야말로 놓쳐서는 안 될 좋은 경험입니다. 자연 속에서 경험한 모든 활기찬 일들과 긍정적인 느낌은 오랫동안 기억에 남고 커다란 영향을 미치게 됩니다.

아이들이 걸음마를 시작해서 부모님과 함께하는 자연 산책이 체험 교육의 시작입니다. 보고 듣고 만지고 느끼는 가운데 아이들은 새로운

것을 만들어냅니다. 이러한 창의력과 상상력은 자연 체험에서 시작됩니다. 숲에 가서 자연을 느끼고 오면 자연과 친해집니다. 아이들은 우리 눈에 보이는 것보다 많은 것을 얻고 많은 것을 내놓습니다. 조급해하지 말고 천천히 발걸음을 떼고 열 번 듣기보다 한 번 직접 보는 것이 효과적입니다.

아이들은 체험하고 탐구하고 탐험하며 발견하는 존재입니다. 체험할 때 몸과 마음을 다 동원하며 모든 감각을 한꺼번에 사용합니다. 아이는 활동하면서 경험의 보물들을 끊임없이 늘려가며 안정감과 자신감을 갖게 됩니다. 숲은 아이들의 감각을 제대로 발휘할 체험거리들로 넘쳐 납니다. 자연체험으로 여러 가지 중요한 것들을 경험하며 배워 갑니다. 변화무쌍한 자연의 변화 속에 아이들은 끊임없이 새롭고 신기한 놀이들을 생각해 냅니다.
– 알렉산드라 슈바르처, 『밧줄놀이1』에서

자연에서의 바깥놀이가 때로는 실내놀이에 비해 위험하지 않을까 염려가 될 수도 있습니다.

숲놀이를 하다보면 모험심을 자극하는 상황이 생깁니다. 아이들은 다소 위험성이 내포된 모험을 즐깁니다. 숲속의 모험놀이터는 아이들에

게 호기심을 불러일으키고 도전정신을 키워주는 최적의 장소입니다. 여기서 위험한 상황에 대처하는 방법을 체득하거나 도전정신을 기르게 됩니다. 무엇을 조심해야 하는지 어떻게 노는 것이 안전한지를 스스로 배우게 됩니다. 어른들은 아이들이 안전하고 적절한 방법으로 모험할 수 있게 도와줘야 합니다.

"아이들을 데리고 자연으로 떠날 때는 지식보다는 감성이 훨씬 더 중요하다."
– 레이첼 카슨

우리나라가 산업화, 도시화되기 이전에 농촌, 산촌, 어촌에서 어린 시절을 보낸 사람들은 거의 모두 숲 유치원을 다녔다고 볼 수 있습니다. 동네 산과 들, 숲과 시냇가나 바닷가가 놀이터이자 교실이었습니다. 사시사철 자연 속에서 놀면서 어린 시절을 보냈습니다. 튼튼한 몸과 마음으로 자라고, 행복한 아이로 자랄 수 있는 바탕은 자연이었습니다. 놀면서 자연스레 익혔던 자연과의 교감은 이제 숲이나 자연이 있는 곳을 찾아가 만나야 합니다.

자연은 누구나 쉽게 다가갈 수 있는 큰 배움터입니다. 생명의 소중함을 깨닫게 하고, 이웃과 하나가 되는 공동체를 이루게 합니다. 자연 속에

서 아름다움을 보고 느끼는 아이로 자라게 됩니다. 아이들이 자연에서 만
나는 풀과 나무, 돌과 시냇물이 모두 놀잇감이 되고 교재가 됩니다.

2

숲놀이, 이렇게 시작해보세요

숲에는 우리의 감각을 깨우는 체험거리들로 가득합니다. 숲은 사계절의 변화, 날씨와 빛의 변화에 따라 다양한 모습을 보여줍니다. 아이들은 자연에서 놀면서 생명체의 작은 변화도 찾아내고 관찰합니다. 또 상상력과 창의력을 동원해서 새로운 놀이를 만들어 즐겁게 놉니다. 돌멩이가 많은 개울가에서는 돌 하나에서 다양한 색깔과 모양을 살피며 놉니다. 나무가 많은 곳에서는 수피에서 눈, 코, 입을 찾아보기도 하고 만져보며 색깔도 결도 다름을 발견하며 놉니다. 자연 안으로 들어가는 시작점은 관찰과 발견입니다.

발걸음을 잠시 멈춰 숨겨진 보물을 발견하고 관찰하고 오감으로 자연을 맞아보세요.

10여 년 전부터 숲체험이 유아, 유년기에 꼭 경험해야 할 활동으로 주목 받고 있습니다. 숲유치원은 숲에서 긴 시간 다양한 자연 경험을 할 수 있어 좋지만 보낼 곳이 많지 않습니다. 일반 유치원이나 어린이집에서의 숲체험은 월 1~2회 정도인 경우가 많아 아쉽습니다. 한창 물이 오르는 봄은 자연의 변화가 크고 박진감이 가득해 매일 숲에 가서 자연을 경험하는 것이 좋지만 그러기 쉽지 않습니다.

특히 2020년 1월부터 코로나19로 인해 많은 활동이 제약을 받아왔습니다. 숲 해설사 등 전문가와의 야외활동도 쉽지 않기에 가족이 함께 가까운 숲이나 공원, 아파트 단지 정원에서 하는 자연놀이로 시작해볼 것을 권해드립니다. '나는 나무 이름도 모르는데 아이들과 자연놀이를 어떻게 하겠어?' 하실 수도 있습니다. 일단 아이와 밖으로 나가보세요. 나무에 달린 이름표로도 이름을 알 수 있고 사진을 올리면 이름을 알려주는 꽃이름 검색 어플(모야모, 다음 꽃 검색, 네이버 스마트렌즈 꽃 검색)도 있어 이름을 모르는 것이 큰 문제가 되진 않습니다.

❶ 가까이에서 자연이 풍성한 장소를 찾아보세요

먼 곳보다는 가까우면서 자연이 풍성한 곳을 찾아보세요. 자주 찾을 수 있고 자연에서 놀 시간이 많아서 좋습니다. 또 장소와 식생들이 익숙해지면 변화도 금방 알 수 있어 자신감도 생기고 자연과 생명을 제대로 느끼게 됩니다.

❷ 가까이에서 자주 보는 나무 중 놀잇감을 나눠주는 나무를
알아두세요

예를 들어 감나무는 야산이나 공원, 아파트 정원에서 흔히 볼 수 있습니
다. 5월경 피는 연노랑색의 감꽃으로는 목걸이를 만듭니다. 감꽃이 지고
나면 작은 감이 달리고, 달린 감 중 약한 것은 수시로 떨어집니다. 6월경
에는 떨어진 초록색 작은 감으로 팽이를 만들고, 풋감으로 즙을 내면 염
색 재료가 됩니다. 풋감이 떨어질 때 함께 떨어지는 감꼭지는 토끼풀꽃과
함께 팔찌도, 배씨 머리띠도 만들 수 있습니다. 들꽃을 모아 만드는 꽃다
발의 받침으로도 쓸 수 있습니다. 곱게 물든 감나무 잎은 도톰하고 광택
있는 자연 색종이로 쓰입니다.

　　주변에서 흔히 보는 감나무, 목련, 칠엽수, 양버즘나무, 벚나무, 일본
목련이 놀잇감을 많이 줍니다.

❸ 내 나무를 정해서 꾸준히 관찰하게 하세요

집 가까이에서 자주 보는 나무 중 내 나무를 정해서 꾸준히 관찰하는 것
이 좋습니다. 나무의 이름을 지어주고, 볼 때마다 이름도 불러주고 나무와
이야기를 나누면 자연스레 관심이 생긴답니다. 친해지면 진짜 이름도 알
고 싶고, 자세하게 지켜보고 싶은 생각이 듭니다.

❹ 자주 갈 장소에서 놀이 베이스를 알아두면 좋아요

자연에서 놀 때 그 장소의 설치물(잔디밭의 돌 징검다리, 그루터기 등)이 어디 있는지 미리 알아두면 좋습니다. 예를 들어 징검다리 판을 이용해서 얼굴 꾸미기 등 자연미술활동을 할 수 있습니다. 큰 그루터기로 자연물 케이크 꾸미기, 작은 그루터기에 한 발로 올라가 중심 잡기, 아주 작은 그루터기로 고리 던지기 놀이에 쓸 수 있습니다. 또 나무 오르기에 적합한 나무도 미리 찾아보면 좋습니다.

❺ 함께 알아가세요

아이들이 모르는 동식물에 대해 물을 때 당황하지 말고 "우리 같이 알아보면 어떨까?" 하고 아이와 함께 관련 책이나 매체를 통해 알아가면 좋습니다.

❻ 편한 옷을 입고 놀게 하세요

활동하기 불편한 옷은 아이들의 놀이를 방해합니다. 이리저리 뛰어다니고, 좋아하는 흙놀이를 하려면 내구성이 좋고 편한 옷이 좋습니다. 신발은 신기 편하고 튼튼한 운동화가 좋습니다.

❼ 자연 속에서 마음껏 보고 느끼게 해주세요

아이에게 자꾸 질문하고 가르치기보다는 아이 스스로 자연을 보고 느끼고 질문할 수 있게 도와주세요. 아이가 무언가 발견하였을 때 함께 기뻐하고 공감해주세요.

❽ 벌레와 나무에게 말을 걸어보게 하세요

자연과 쉽게 다가가는 방법 중 하나는 관찰 대상에게 말을 걸어보는 것입니다.

"나무야 안녕. 만나서 반가워! 우리 친하게 지내자."

"오늘은 어제보다 나뭇잎 색깔이 예뻐졌네."

생명이 소중하다는 것은 설명하는 것보다 아이가 자연과 친해지는 것이 더 효과적입니다.

❾ 익숙한 장소를 찾아가세요

다양한 곳의 자연을 찾아가 경험하는 것도 좋습니다만 어린 연령에서는 변화하는 자연과 생명을 느끼려면 같은 장소를 반복해서 찾는 것이 효과적입니다. 익숙한 장소는 편안함과 신뢰감을 주게 됩니다.

❿ 열매나 나뭇잎, 꽃송이를 구할 때 이렇게 해보세요

열매나 나뭇잎, 꽃이 자연의 선물임을 알고 되도록이면 땅에 떨어진 것으로 놉니다. 다른 친구들도 같이 놀 수 있도록 필요한 만큼만 가져갑니다. 가져갈 때 "나무야! 선물 고마워!"라고 인사하는 것이 좋습니다.

⓫ 숲에서도 예절을 지켜주세요

우리는 숲에 놀러 나온 손님으로 숲의 주인인 동식물에 대한 예의를 지켜야 합니다. 어린 나무를 밟거나 꺾지 않고, 꼭 보호해야 할 동물은 괴롭히거나 상하게 하면 안 됩니다. 숲놀이를 시작하거나 마칠 때는 친구들, 숲의 동식물과 인사를 나누도록 합니다. 부모님을 비롯한 어른들이 좋은 본을 보여주셔야 합니다.

⓬ 숲에서는 자연과 그 주변에서 구한 것으로 놀게 해주세요

숲이나 공원에 가서는 현장에 있는 놀잇감으로 노는 것이 제일 좋습니다. 아이들은 자기가 구한 것으로 놀 때 단순한 것도 다양하게 상상의 폭을 넓혀가며 놀게 됩니다. 갈 때는 최소한의 도구만 지참하고, 일반 놀잇감은 갖고 가지 않는 것이 좋습니다.

⓭ 숲놀이 준비물

유아용 가위, 목공풀, 종이테이프, 새 눈알 스티커, 네임펜, 끈, 휴지, 수건, 비상약품, 전지가위, 비닐봉지, 관찰교구(루페, 돋보기), 1인용 돗자리. 부모와 함께 숲에 갈 때 유아도 자기 배낭에 준비물 중 가벼운 것 일부분을 넣고 가는 것이 좋습니다.

1부

두근두근
봄 숲놀이

찾았다 로제트! —————

준비물: 손바닥 크기의 액자틀

1. 이른 봄, 가까운 공원이나 아파트 정원에서 풀을 찾아본다.

2. 추운 겨울을 이겨내고 살아 있는 풀 중에서 로제트 식물을 찾는다.

3. '찾았다. 로제트!' 하고 액자 틀을 놓아준다.

그려보자 로제트! ———

준비물: OHP 필름, 초록색 네임펜

1. 공원이나 아파트 정원에서 냉이, 달맞이꽃, 망초, 꽃다지 풀을 찾아본다.

2. OHP필름을 로제트 식물 위에 덮고 네임펜으로 따라 그려본다.

🌿 **함께 읽어보아요**

· **가로수 밑에 꽃다지가 피었어요** 이태수 글 · 그림,비룡소

**로제트
식물**

숲 바닥에 사는 키 작은 식물은 키 큰 나무들 잎이 나와 그림자를 드리우면 햇빛을 받기 어렵다. 먼저 몸을 키우고 꽃을 피워 열매를 맺는 부지런한 풀을 로제트 식물 이라 한다. 그러기 위해 겨울이 되기 전 가을에 미리 싹을 내고 잎을 땅에 딱 붙인 채 겨울을 난다. 땅에 붙어 겨울바람을 피하는 냉이, 잎을 옆으로 펴서 햇빛을 많 이 받으려는 망초, 따뜻한 솜털을 단 꽃다지 등이 있다. 위에서 내려다보면 장미 (rose) 꽃을 납작하게 눌러놓은 모양이라 해서 로제트(rosette) 식물이라 부른다. 얼음과 추운 바람을 견뎌내며 봄을 기다리는 이들의 전략이 대견하기도 하다.

2019. 5. 6.

연휴는 연휴 맞이하기 전 계획할 때가 가장 좋지요. 벌써 연휴 끝자락에 서니 참 아쉬워요. 딸 내외는 영화 <어벤져스>를 보러 가고, 난 두 손녀와 자연 속으로!

오늘은 집 근처 계원대 정원을 전세 냈어요. 마침 산철쭉이 흐드러지게 폈던 자리에는 떨어진 꽃잎들이 많았어요. 꽃잎들을 주워 나뭇가지에 끼워주기! 난이도를 높여서 풀줄기에 끼워 목걸이와 화관 만들기도 하고요. 눈과 손의 협응이 빛을 발하는 순간입니다. 크기가 다른 산철쭉꽃 두세 송이와 민들레꽃을 합체해서 새로운 꽃도 만들어봅니다.

겁이 없는 큰손녀는 나뭇잎 위에 애벌레를 놓고 먹는 것을 관찰합니다. 작은손녀는 징그럽다고 아직은 곁에서 지켜봅니다.

오늘 놀이의 하이라이트는 카나페 만들어 먹기입니다. 준비물은 꼬깔콘과 짜요짜요이구요. 제비꽃과 돗나물은 근처 숲에서 뜯어왔어요. 꼬깔콘에 짜요짜요를 짜서 넣고 그 위에 식용이 가능한 제비꽃과 돗나물을 올려서 먹었어요. 아이들은 역시 놀이에 먹는 것이 들어 있으면 참 좋아해요!

집으로 가면서 주운 도토리는 나무 구멍에 넣어주었어요. 마음도 예쁘게 다람쥐 먹으라고요.

준비물: 자연물, 칡 리스

그루터기 위에 꾸미기 ·········

I. 그루터기에 솔방울 같은 열매, 나뭇가지, 꽃으로 케이크를 꾸민다.

2. 자연물을 이용해서 얼굴로 꾸며본다.

> 🍃 함께 읽어보아요
>
> · 모두를 위한 케이크 다비드 칼리 글, 마리아 덱 그림, 미디어창비
> · 내 케이크 어디 갔지? 서정인 글 · 그림, 북금곰
> · 꽃피는 숲 속 케이크 가게 아라이 에스코 글, 구로이 캔 그림, 책빛

그루터기로 놀기 ·········

I. 작은 그루터기에 한 발로 올라서서 중심 잡고 오래 서 있기를 한다.

2. 칡줄기로 만든 리스를 이용해서 고리 던지기 놀이를 할 수 있다.

3. 사계절 가능한 놀이다.

> 🍃 함께 읽어보아요
>
> · 나는 그루터기야 나카야 미와 글 · 그림, 웅진주니어
> · 두고 보자 커다란 나무 사노 요코 글 · 그림, 시공주니어

그루터기

그루터기는 나무를 베어내고 뿌리 부분에 남은 밑동을 말한다. 공원이나 숲에 남아 있는 그루터기가 어디 있는지 알아두면 여러모로 쓸모가 많다. 큰 그루터기는 케이크 만들기나 얼굴 꾸미기, 밥상 차리기에 쓴다. 작은 그루터기는 한 발로 올라서서 균형 잡기 놀이, 고리 던지기의 목표물로도 쓸 수 있다.

준비물: 길고 짧은 나뭇가지, 스트로브잣방울, 메타세쿼이아 열매

나뭇가지 거미줄 ────

1. 주변에서 거미줄을 관찰한다.

2. 나뭇가지를 가로줄과 세로줄로 늘어놓아 거미줄을 짓는다.

3. 거미줄에 스트로브잣나무 열매와 자연물로 만든 거미를 놓는다.

> 🌿 **함께 읽어보아요**
>
> · **배고픈 거미** 강경수 글 · 그림, 그림책공작소
> · **예술가 거미** 탕무니우 글 · 그림, 보림

나뭇가지 새 둥지 ─✓✓

1. 새는 어디서 살까? 놀이 장소 근처에 새집이 있나 살펴본다.

2. 자잘한 나뭇가지를 많이 모아 새집을 만들어본다.

3. 알과 태어날 새들을 위해 부드러운 나뭇잎이나 풀잎을 깔아준다.

4. 새집을 완성한 후 주변에서 구한 열매로 새알처럼 놓아본다.

> 🌿 **함께 읽어보아요**
>
> · **너희 집은 무엇으로 지었어?** 노정임 글, 안경자 그림, 웃는돌고래
> · **괜찮아 아저씨** 김경희 글 · 그림, 비룡소

막대기 마임 ━━━━

준비물: 30Cm 정도의 나뭇가지

1. 막대기로 무엇을 할 수 있을까 몇 가지 생각해본다.

2. 막대기를 들고 말없이 어떤 물건이나 행동을 표현한다.

3. 긍정적인 표현이면 박수를 치고, 다음 사람에게 막대기를 넘긴다.

4. 생각이 나지 않을 때는 '패스' 하고 다음 사람에게 넘긴다.

5. 다른 사람이 하지 않은 표현을 해야 한다.

> 🌿 **함께 읽어보아요**
>
> · **막대기 아빠**   줄리아 도널드슨 글, 악셀 셰플러 그림, 비룡소
> · **막대기로 무얼 할까**   아이린 딕슨 글 · 그림, 사파리
> · **세상에서 제일 좋은 막대기**   그레그 곰리 글, 브리타 테큰트럽 그림, 키즈엠

수피에서 얼굴 찾기

준비물: 눈알 스티커

1. 수피에 상처가 난 부분이나 가지를 전정한 흔적을 찾는다.

2. 흔적에서 코나 입의 모습을 찾아 어떻게 얼굴을 꾸밀지 생각해본다.

3. 눈알 스티커를 눈의 위치에 잘 붙여준다.

 함께 읽어보아요

· **나무를 만날 때**
  엠마 칼라일 글 · 그림, BARN

수피에서 모양 찾기 ━━➤ ···········

1. 오래된 나무 밑에 떨어진 나무껍질을 주워 그 모양을 살펴본다.

2. 나무껍질을 바닥에 놓고 나머지 부분을 자연물로 꾸며본다.

   (예: 자동차 모양의 껍질에 돌멩이 2개로 자동차 완성하기)

3. 그 나무껍질이 어디에서 떨어져 나왔나 찾아보는 놀이도 할 수 있다.

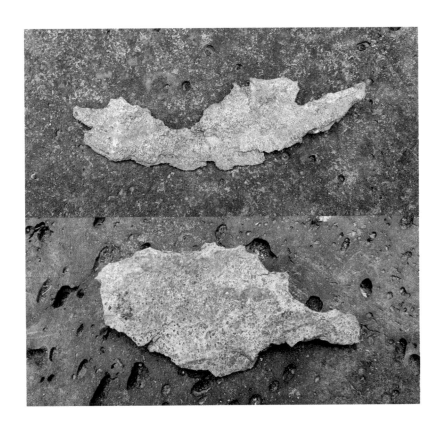

| 수피 | 수피는 이름 그대로 나무의 껍질로, 나무줄기나 가지의 가장 바깥쪽의 죽어 있는 조직을 말한다. 배롱나무처럼 매끄러운 수피, 삼나무처럼 섬유질 수피, 소나무처럼 거북등껍질 같은 수피가 있다. 3~4월은 아직 나뭇잎이 나오기 전이라 나무의 겉(수피)을 관찰하기 좋다. 또 느티나무나 양버즘나무의 나무껍질도 좋은 놀잇감이니 가까운 곳에 그런 나무가 있는 곳을 알아두면 좋다. |

목련 겨울눈 나뭇가지 붓

준비물: 목련 겨울눈 가지, 도화지, 먹물

1. 겨울눈이 달린 채 전지된 가지를 구해 붓으로 사용해보자.

2. 겨울눈 가지 끝부분에 먹물을 묻혀 수묵화를 그리거나 캘리그라피를 할 수 있다.

🌿 **함께 읽어보아요**

· **겨울눈아 봄꽃들아** 이제호 글 · 그림, 한림출판사

목련 겨울눈 가지	목련은 정원수로 많이 심어 주변에서 쉽게 볼 수 있다. 우리가 주로 보는 것은 중국이나 일본에서 들여온 백목련, 자목련, 일본목련이다. 목련의 꽃봉오리가 붓을 닮았다고 해서 '목필'이라고도 불렀다. 목련의 겨울눈은 솜털로 덮여서 겨울을 난다.

죽순 수묵화 ────

준비물: 죽순, 먹물, 도화지

I. 한 뼘 크기의 죽순을 준비한다.

2. 죽순을 보여주며 무엇을 닮았는지 이야기를 나눈다.

3. 죽순 끝에 먹물을 찍어 수묵화를 그린다.

🌱 **함께 읽어보아요**

・**신기한 붓** 권사우 지음, 홍쉰타오 원작, 사계절

죽순

조릿대는 사계절 내내 초록잎을 지닌 대나무 종류 중 하나다. 대나무의 땅 속 줄기에서 돋아나는 어린 싹을 죽순이라고 부른다. 우후죽순이라는 말이 있듯이 봄비가 내린 후 대나무 숲에 가면 갈 때마다 쑥쑥 자라 있는 것을 볼 수 있다. 공원 정원수 정리과정에서 남겨진 죽순을 주워 와 붓으로 사용해서 수묵화를 그려보았다.

칡 붓

준비물: 칡줄기, 망치, 도화지, 먹물

I. 손가락 굵기의 칡줄기를 한 뼘 정도로 잘라 준비한다.

2. 칡줄기 한쪽 끝을 망치로 두드려 줄기가 가는 가닥이 되게 한다.

3. 가늘게 가닥을 낸 것을 붓 삼아 먹물을 찍어 그림을 그려본다.

칡

칡은 풀이 아니고 나무라서 겨울에는 잎을 떨군 채 줄기만 남아 있다. 칡은 말랑거리는 줄기를 길게 뻗어 다른 나무를 감고 올라가며 자라는 덩굴성 식물이다. 이른 봄, 물이 오를 즈음 칡줄기는 한층 부드러워 잘 휘어지므로, 만들기 재료나 놀잇감으로 쓰기에 좋다. 칡은 옆의 나무를 타고 올라가 뒤덮어버리므로 햇볕을 받지 못한 그 나무를 결국 죽이고 마는 문제를 일으키기도 한다.

칡줄기 거품벌레 놀이 ⎯⎯⎯

준비물: 칡줄기, 비눗방울 용액

1. 손가락 굵기의 칡줄기를 한 뼘 길이로 자른다.

2. 비눗방울 용액에 칡줄기를 담갔다 빼서 불면 거품이 나온다.

3. 거품을 나뭇잎 위에 불면 거품벌레 모습으로 된다.

칡 줄넘기 ⎯⎯⎯

준비물: 칡줄기

1. 손가락 굵기의 칡줄기를 길게 잘라서 줄넘기를 할 수 있다.

2. 지름 2cm 이상 되는 굵은 칡줄기로는 유아 줄다리기도 할 수 있다.

🌿 **함께 읽어보아요**

- **나무 할아버지와 줄넘기** 모리야마 미야코 글, 구로이 겐 그림, 북극곰
- **여우랑 줄넘기** 아만 기미코 글, 사카이 고마코 그림, 북뱅크
- **줄넘기를 깡충깡충** 오하시 에미코 글, 고이즈미 루미코 그림, 책과콩나무

손녀들과 봄 숲놀이 2

2021. 5. 25.

　지난 3월 큰손녀가 초등학교에 입학한 후에는 좀처럼 시간을 맞추기가 어려워 예전처럼 숲에 가기가 쉽지 않네요. 모처럼 시간이 된다고 해서 치마 차림에도 불구하고 다녀왔어요.

　먼저 아카시 잎으로 하는 놀이를 했어요. 아카시 잎줄기를 훑어 올려 꽃을 만들어 동생에게 축복의 말을 하며 뿌려주고, 남은 가느다란 잎줄기로는 펜싱놀이를 하죠. 잎줄기를 바늘 삼아 떨어진 꽃을 꿰기도 했어요. 예전에는 파마놀이도 하고, 나뭇잎 점도 보며 놀았던 기억이 나네요.

　펜싱에는 애꾸눈 선장이 떠오른다며 나뭇잎을 마스크에 살짝 꽂아 애꾸눈을 만들더니 쓰러진 나무 위로 올라가 멋진 펜싱 포즈를 잡아주네요.

　소나무 수꽃을 주워 꽃모양을 만들고요. 그늘사초 잎으로는 미용실 놀이를 했어요. 큰 나뭇잎으로는 가면 만들기도 하고 주변에서 크고 작은 자연물을 주워 얼굴을 꾸미며 놀더라고요. 출출함을 산딸기로 달래고, 꽃놀이판에 꽃과 열매가 달린 줄기를 꽂아 어울리게 만들어요.

　오늘 간 숲에는 커다란 일본목련나무가 참 많고 그 아래에는 어린 일본목련이 안쓰럽게 자라고 있어요. 가지 끝에 7~8개의 나뭇잎이 달려 있는 것을 하나씩 안겨주니 어찌 다양한 표현을 하던지요. 딱 해바라기꽃이라고 하더니 얼른 큰손녀가 환하게 웃는 작은손녀 뒷머리에 나뭇잎을 대어줍니다. 그렇게 시작된 일본목련잎 놀이는 방패, 치어리더, 모자, 햇님, 심벌즈, 지붕 등등 쏟아지는 놀이에 저는 연신 사진 찍기 바빴어요.

두 시간 반이 훌쩍 지나고 다음 주에도 시간 맞춰 또 오자고 약속을 했죠. 집 가까이에 갈 만한 숲이 여럿 있어서 참 감사하답니다.

민들레꽃 점토

준비물: 민들레꽃, 밀가루, 물, 소금 약간

I. 민들레의 꽃 부분만 많이 모은다.

2. 민들레꽃, 밀가루, 적당한 물, 약간의 소금을 넣고 반죽을 한다.

3. 만들어진 노랑색 점토로 다양한 것을 만든다.

민들레꽃으로 '나' 꾸미기 ━━━ᐟ

1. 민들레꽃이 한창일 때, 민들레꽃 줄기를 많이 준비한다.

2. 민들레꽃줄기로 나를 꾸며본다.

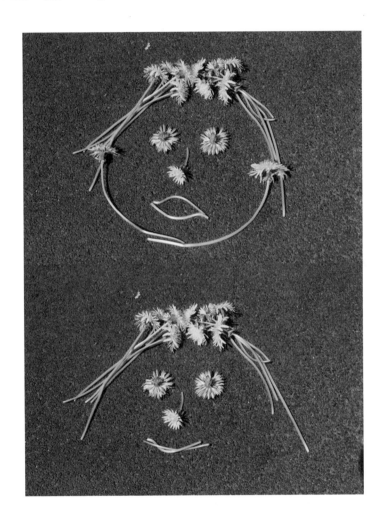

민들레

민들레는 볕이 잘 드는 공원이나 들판에서 자란다. 이른 봄 뿌리 부분에서 여러 장의 잎이 방석처럼 펼쳐져 자란다.(로제트 식물) 4~5월에 작은 통꽃이 많이 모여 하나의 꽃을 이루어 노란색으로 핀다. 열매의 씨앗에는 갓털이 달려 바람에 멀리 날아간다.

민들레꽃 사자 ────

준비물: 얼굴이 큰 민들레꽃, 노란색 동그라미 스티커, 네임펜

1. 얼굴이 큰 민들레꽃을 찾아 꽃 부분만 잘라둔다.

2. 노랑색 동그라미 스티커에 검정 네임펜으로 사자 얼굴을 그려준다.

3. 민들레꽃 가운데 스티커를 붙여 사자 얼굴을 완성한다.

민들레꽃과 그림자 ────

1. 햇빛이 좋아 그림자가 뚜렷이 생기는 때에 할 수 있는 놀이.

2. 민들레꽃대를 많이 준비한다.

3. 친구 한 명이 해를 등지고 서 있으면 그림자가 생긴다.

4. 얼굴 부분 그림자에 민들레꽃대로 얼굴을 꾸며본다.

함께 읽어봐요

- **누굴까?** 혜영드로잉 글 · 그림, 키큰도토리
- **민들레 사자의 꿈** 요코 다나카 글 · 그림, 진선아이
- **민들레는 민들레** 김장성 글, 오현경 그림, 이야기꽃

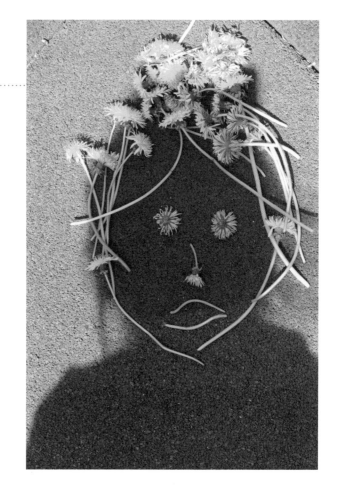

민들레꽃대 피리

준비물: 민들레꽃대

1. 민들레꽃씨가 날아간 꽃대 중 굵은 것으로 준비한다.

2. 꽃대를 5cm 전후의 길이로 자른 후 입술로 살짝 누르면서 불어준다.

3. 꽃대 길이에 따라 소리가 어떻게 다른지 잘 들어본다.

4. 불면서 꽃대 끝을 반으로 쪼개서 벌렸다 오무렸다 하면서 소리의 변화도 들어
   본다.(이름하여 민들레 트럼펫)

민들레꽃 귀걸이

준비물: 민들레꽃대

1. 민들레꽃대 끝을 3cm 정도 2등분으로 가른다.

2. 가른 부분의 꽃대는 꼬부라진다.

3. 꼬부라진 부분을 귓바퀴에 꽂아주면 예쁜 귀걸이 완성.

4. 꽃대가 힘이 없어지면 물에 넣었다가 빼면 다시 꼬불거린다.

개나리꽃 핀 ──────

준비물: 개나리 꽃잎, 솔잎

1. 개나리꽃의 꽃받침을 뗀다.
2. 두 장으로 된 솔잎 중 하나의 솔잎으로만 개나리꽃을 통과시킨다.
3. 나머지 솔잎 한 장과 함께 두 장을 모아 머리나 옷에 꽂아준다.

개나리꽃 별자리 ──────

준비물: 개나리 꽃잎, 별자리 카드

1. 별자리 카드를 보고 별자리 모양을 익혀본다.
2. 별자리 모양을 보면서 꽃잎으로 별자리를 만들어 놓아본다.

🌿 함께 읽어보아요

· **마말루비** 김지연 글 · 그림, 이야기꽃
· **별자리를 만들어 줄게** 이석 글 · 그림, 뜨인돌

 개나리

개나리는 4월경 양지바른 곳에서 꽃을 피운다. 병충해와 추위에 강하고 아무 곳에서나 잘 자라서 관상용이나 울타리로 많이 심는다. 개나리꽃은 통꽃으로 중간 부분부터 4갈래로 갈라져 있다. 초록색 꽃받침은 4개로 갈라진다.

산철쭉꽃과 민들레꽃 합체 ————

준비물: 산철쭉꽃 여러 개, 민들레꽃 꽃대 긴 것 1개

1. 산철쭉꽃 중 크기와 색이 다른 것 여러 개를 크기순으로 놓아본다.

2. 꽃대가 긴 민들레의 꽃이 아래로 가도록 거꾸로 세워준다.

3. 민들레꽃대에 꽃받침이 없는 산철쭉꽃을 작은 크기순으로 끼워준다.

4. 민들레꽃대를 바로 세우면 알록달록 층층이 다른 겹꽃이 된다.

🌿 함께 읽어보아요

· 나 꽃으로 태어났어   엠마 줄리아니 글 · 그림, 비룡소

산철쭉 | 산철쭉꽃은 4~5월에 홍자색으로 피고 가지 끝에 2~3송이씩 달린다. 통꽃으로 꽃잎의 안쪽 윗부분에 진홍색의 반점이 있다. 10여 년 전 산철쭉이 많던 공원에서 한 아이가 떨어진 산철쭉꽃잎을 주워서 잔 나뭇가지에 꽂아서 가져왔다. 아! 이렇게도 할 수 있네 하고 시도한 꽃잎들의 합체이다. 때때로 아이들에게서 배운다.

화관 & 꽃목걸이 ⌒⌒

준비물: 산철쭉꽃, 목걸이용 끈 혹은 풀줄기

1. 떨어진 산철쭉꽃을 많이 모은다.

2. 끈이나 풀줄기에 꽃을 끼운다.

3. 다른 한쪽 끝으로 끼운 꽃잎이 빠지지 않도록 주의한다.

4. 끈을 조정해서 묶으면 목걸이, 좀 짧게 해서 머리에 쓰면 화관.

5. 끈이 없을 때는 가늘고 긴 풀을 끈으로 사용한다.

> 🌱 함께 읽어보아요
>
> · **세상에서 가장 아름다운 목걸이** 아넬리즈 외르티에 글, 엘리자 카롤리 그림, 푸른숲 주니어

영산홍꽃 수피꽂이 ⌒⌒

준비물: 영산홍꽃

1. 스트로브잣나무나 양버즘나무 수피에서 벌어진 틈을 찾는다.

2. 떨어진 영산홍꽃을 수피 틈에 끼워준다.

그림판 꽃꽂이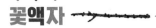

준비물: 산철쭉꽃, 꽃병 그림판

1. 숲에 가기 전에 놀이판을 준비한다.
2. 놀이판은 A5크기 박스종이에 꽃병이나 화분 모양을 그리고 군데군데 5mm 크기의 구멍을 뚫어준다.
3. 숲이나 공원에서 풀과 꽃잎을 주워 구멍에 꽂는다.

꽃액자

준비물: 액자 그림판

1. A5 도화지에 동물 그림을 그리고 칼로 파낸 다음 코팅한다.
2. 액자 그림판을 꽃이 피어 있는 곳에 대어본다.
3. 꽃에 따라 달라지는 액자 속 동물 문양을 관찰한다.

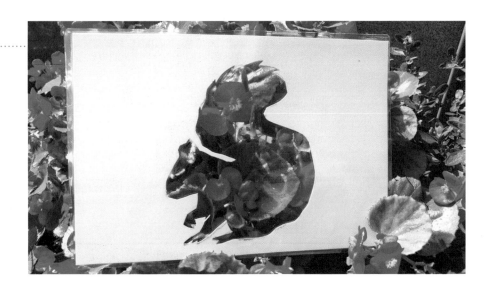

꽃으로 명화 완성하기 ──ㅜ─

준비물: 다양한 꽃, 그림판

l. 숲에 가기 전에 명화 그림판을 준비한다.

2. 놀이판은 적어도 8절 크기는 되어야 좋다.

3. 숲이나 공원에서 꽃을 모아 온다.

4. 명화 그림판에 꽃을 늘어놓아 그림을 완성한다.

개양귀비 꽃잎 발레리나 ————

준비물: 개양귀비 꽃잎, 도화지, 딱풀

1. 활짝 핀 후 떨어진 개양귀비 꽃잎을 주워서 도화지에 붙인다.

2. 개양귀비 꽃잎을 보면 무엇이 떠오르는지 이야기를 나눠본다.

3. 나머지 부분은 그리거나 자연물을 이용하여 완성한다.

🌿 함께 읽어보아요

- **발레리나 토끼** 도요후쿠 마키코 글 · 그림, 천개의바람
- **발레리나가 될거야** 아넬리즈 외르티에 글 · 그림, 책읽는곰

개양귀비 개양귀비는 들판에서 흔히 볼 수 있다. 아편의 재료가 되는 양귀비와는 달리 관상용으로 많이 심는다. 만개 후 떨어진 꽃잎들을 보면 아까울 정도로 예쁘다. 개양귀비 꽃잎은 실크처럼 부드럽고 광택이 난다.

목련 겨울눈 껍질 콜라주 ⎯⎯↙↗

준비물: 백목련 꽃잎, 목련 겨울눈 껍질

1. 이른 봄, 목련 나무 아래에서 겨울눈의 껍질(포)을 찾아 모은다.

2. 도화지에 겨울눈의 껍질을 오공본드나 글루건으로 붙인다.

3. 겨울눈의 껍질을 이용하여 연상되는 것을 그린다.

4. 연필 뚜껑 모양의 겨울눈 껍질을 손가락 끝에 끼우면 호랑이 발톱!

목련 꽃잎 토끼 ⎯⎯⎯

1. 목련 꽃잎과 목련의 겨울눈 껍질을 준비한다.

2. 엄지와 검지로 꽃잎을 비벼주면 갈색으로 변한다.

3. 꽃잎 위에 겨울눈 껍질을 올려놓으면 토끼로 변신.

목련

목련은 꽃이 진 후 여름부터 가을까지 이듬해 봄을 대비해 겨울눈을 만든다. 솜털로 둘러싸인 통통한 꽃눈은 나뭇가지 끝에 붙어 있고 그 아래에 밋밋한 비늘눈으로 된 잎눈이 여러 개 달려 있다. 꽃이 필 때까지 꽃눈은 세 번 정도 껍질을 벗는다. 꽃눈에서 떨어져 나온 껍질들은 아이들에게 좋은 놀잇감이 되어준다.

목련 꽃잎을 모아서 ⊥

준비물: 목련 꽃잎 많이, 작은 나뭇가지, 솔방울

1. 목련 꽃잎 2장을 머리에 꽂으면 토끼가 된다.

2. 목련 꽃잎 4장과 작은 나뭇가지로 나비 만들기.

3. 목련 꽃잎 5~6장과 솔방울로 꽃모양을 만들기.

4. 많은 목련 꽃잎을 둥글게 늘어놓으면 아주 큰 꽃도 만들 수 있다.

벚꽃잎 타투

준비물: 여러 가지 꽃잎, 풀잎, 핸드크림

I. 벚꽃잎, 봄까치 꽃잎, 개양귀비 꽃잎, 작은 풀잎을 모은다.

2. 손등이나 얼굴에 핸드크림을 바른 자리 위에 꽃잎과 풀잎으로 꾸며본다.

벚꽃 별자리

준비물: 벚꽃, 별자리 카드

1. 별자리 카드를 보고 별자리 모양과 이름을 익혀본다.

2. 벚꽃 꽃받침이 무슨 모양을 하고 있나 살펴본다.

3. 별자리 카드를 따라 벚꽃으로 별자리를 놓아본다.

 함께 읽어보아요

· **팔랑팔랑** 천유주 글 · 그림, 이야기꽃
· **우리는 벚꽃이야** 천마진 글, 신진호 그림, 다림

벚꽃

벚꽃은 4~5월에 벚나무의 가지 끝에 흰색 혹은 연분홍색으로 핀다. 5장의 꽃잎으로 된 꽃은 긴 꽃자루에 달려 2~5개가 모여 달린다. 꽃받침은 다섯 갈래로 뾰족해서 별 모양을 닮았다. 꽃이 질 때 얇은 꽃잎 하나하나가 마치 눈이 오는 것처럼 떨어진다. 열매인 버찌는 6월경 검게 익어 먹을 수 있다.

진달래 카나페

준비물: 진달래꽃, 과자(에이스, 꼬깔콘 등), 짜요짜요, 제비꽃, 돌나물

|. 진달래꽃의 암술과 수술을 떼어낸다.

2. 과자 위에 짜요짜요를 짜 넣고 진달래 꽃잎을 붙여준다.

3. 꽃잎 가운데에 돌나물, 제비꽃 같은 식용 들꽃으로 꾸며서 먹는다.

4. 꼬깔콘 안에 짜요짜요를 짜 넣고 진달래꽃을 꽂는다.

5. 식용 들꽃, 들풀로 꾸미고 먹는다.

진달래　｜　진달래는 4월경 잎보다 꽃이 먼저 핀다. 분홍색의 꽃송이 2~5개가 모여서 피며 고깔 모양을 하고 있다. 독성이 있는 철쭉과는 달리 꽃술을 떼어내고 먹을 수 있다. 예전부터 화전으로 많이 만들어 먹었다.

플라워 뷰어

이른 봄이 되면 작은 풀꽃들이 많이 핀다. 주로 로제트 식물들로 키가 작아 아이들이 관찰하기 좋다. 플라워 뷰어를 만들어 가운데 네모 칸에 만난 풀꽃을 두고 놀이판에 그 꽃이 있나 살펴보고 이름을 말해보자. 다른 꽃이나 열매 사진을 넣어 다양하게 활용해도 좋다.

준비물: 플라워 뷰어

Ⅰ. 4월경 공원이나 숲에서 작은 풀꽃이 많이 피어 있는 곳을 찾아간다.

2. 플라워 뷰어(Flower Viewer)의 가운데 네모 칸에 풀꽃 하나가 자리하게 한다.

3. 플라워 뷰어의 6개 풀꽃 사진에 그 꽃이 있나 살펴본다.

4. 이름을 얘기해본다.

5. 찾아본 풀꽃 사진에 스티커를 붙인다.

솔방울에 꽃꽂이

준비물: 큰 솔방울, 들꽃

1. 솔방울 상태가 좋은 것을 준비한다.
2. 봄에 많이 볼 수 있는 들꽃을 솔방울 인편 사이사이에 끼워준다.

솔방울로 동물 만들기

1. 솔방울 상태가 좋은 것을 준비한다.
2. 솔방울을 인편 사이사이에 서로 끼워 동물을 만들어보자.

솔방울 | 소나무는 한 나무에 세 종류 색깔의 솔방울이 달려 있다. 보라색은 1년차, 초록색은 2년차, 황갈색은 3년차 솔방울이다. 다 익은 솔방울의 인편 사이사이에 인편 하나당 날개 달린 두 개의 씨앗을 품고 있다. 비가 오면 가까운 곳에 떨어지지 않도록 인편을 닫고, 맑은 날씨에는 인편을 열어 씨앗이 먼 곳으로 날아가도록 한다.

2020. 5. 30.

간만에 손녀들과 숲체험을 갔어요. 평소 손녀들이 버스를 타보고 싶어 해서 마을버스를 타고 갔어요. 큰손녀가 벌레 알레르기로 힘들어해서 목표 장소까지 가지 못해 아쉬웠지만 행복한 시간이었습니다. 지난번보다 벌레 들이 더 많아 걸음을 떼기 어려웠어요. 처음 보는 알록달록 오동통한 벌레 들을 가까이에서 보느라고요.

개울가에는 아기 송사리들과 소금쟁이들이 많았어요. 햇빛을 받아 생긴 소금쟁이 그림자는 정말 예뻤어요. 손녀들은 우주선 같다고 하더군요. 떨 어진 버찌로는 악보를 그렸는데, 무슨 노래일까요?

산딸기도 먹었죠. 먹어보라니 "이거 진짜 먹어도 돼요?" 조심스러운 작 은손녀. 하지만 먹고 난 다음에는 엄지척!

개미는 땅 속에만 있는 줄 알았는데 죽은 나무 등걸에도 많이 사네요. 한참 지켜봤어요.

사진 찍는 할미와 자주 다니면서 요즘은 작은손녀가 이것저것 찍으라 고 주문합니다. 나중에 보면 괜찮아요. 오늘도 즐겁고 시원한 숲!

2부

성큼성큼
여름 숲놀이

나뭇잎 그릇 ⟶

준비물: 목련잎, 떡갈나무잎, 풀줄기나 잔 나뭇가지

1. 목련이나 떡갈나무잎처럼 넓은 나뭇잎으로 그릇을 만들어보자.
2. 나뭇잎의 한쪽 부분을 살짝 겹치게 접는다.
3. 겹쳐진 부분을 잔가지나 솔잎, 혹은 풀줄기로 고정시킨다.
4. 옴폭하게 된 나뭇잎 그릇에 열매를 담아 여름 밥상을 꾸며보자.

나뭇잎 바느질 ⟶

준비물: 목련잎, 벚나무잎, 솔잎, 가는 풀줄기, 아까시 잎줄기

1. 벚나무잎은 부드러워 솔잎이나 아까시 잎줄기가 바느질이 잘 된다.
2. 도톰한 목련잎은 바늘이 지날 자리를 이쑤시개로 미리 구멍을 낸다.
3. 솔잎이나 아까시 잎줄기를 바늘로 삼아 바느질을 한다.

나뭇잎 프로타주

준비물: 나뭇잎, 복사지, 크레용이나 풀잎

1. 느티나무잎처럼 잎맥이 확실하고 도톰한 나뭇잎을 준비한다.

2. 나뭇잎의 앞과 뒷면을 관찰한다.

3. 종이에 준비된 잎을 뒷면이 위로 오도록 뒤집어 붙인다.(움직이지 말라고)

4. 복사지를 덮고 크레용을 눕혀서 문질러주면 잎맥이 나타난다.

5. 크레용 대신에 풀잎을 구겨서 문질러주면 초록색으로 칠해진다.

클로로필 컬러링

준비물: 부드러운 나뭇잎이나 풀잎, 도화지

1. 잎에는 광합성을 하는 엽록소(클로로필)가 들어 있어 초록색을 띤다.

2. 부드러운 나뭇잎이나 풀잎을 뭉쳐서 색칠될 부분에 문지른다.

3. 잎에서 엽록소가 나와 초록색으로 색칠이 된다.

🌱 함께 읽어보아요

· **세상의 많고 많은 초록들**   로라 바카로 시거 글 · 그림, 다산기획

대나무잎 배 ━━━━

준비물: 조릿대잎

1. 넓고 긴 조릿대잎을 준비한다.

2. 조릿대잎 양쪽을 가운데로 모아 접는다.

3. 양쪽 끝부분을 삼등분으로 쪼개준다.

4. 삼등분 중 가운데 것은 그냥 두고 왼쪽 끝부분 틈에 오른쪽 끝부분을 끼워준다.

3

4

대나무잎 달팽이 ⌐──

준비물: 잎자루가 달린 조릿대잎

1. 대나무 나뭇잎을 반으로 접어준다.

2. 접힌 부분을 세로로 1.5cm 정도로 갈라주고 사진처럼 접어준다.

3. 접힌 부분에서 3cm 정도 떨어진 곳에 작은 구멍을 낸다.

4. 구멍에 잎자루를 끼워 아래로 당겨 둥글게 말아 달팽이를 만든다.

🌿 함께 읽어봐요

· **달팽이의 노래** 김유미 글 · 그림, 비룡소
· **세상에서 제일 빠른 달팽이** 이선영 글, 조르디 핀토 그림, 리플란타
· **아기 달팽이의 집** 이토 세츠코 글, 시마즈 카츠코 그림, 비룡소

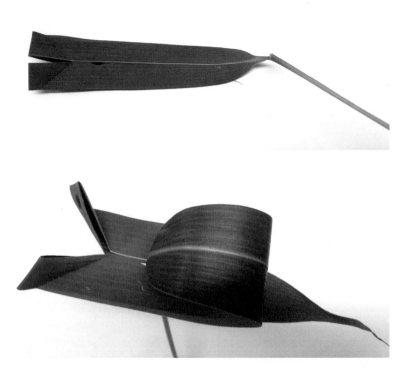

나뭇잎 손님과 애벌레 미용사 ──➤

1. 6월경 숲에 가면 애벌레가 먹은 나뭇잎이 많이 떨어져 있다.

2. 나뭇잎의 벌레 먹은 부분을 살펴본다.

3. 벌레 먹은 잎을 머리 부분으로 하고 작은 자연물로 얼굴을 꾸며본다.

🌿 **함께 읽어보아요**

· **나뭇잎 손님과 애벌레 미용사** 이수애 글 · 그림, 한울림어린이
· **나비** 에쿠니 가오리 글, 마츠다 나나코 그림, 미디어창비
· **나비야 다 모여** 석철원 글 · 그림, 여유당

나뭇잎 구성하기 ━━⌒

준비물: 나뭇잎

1. 비가 와서 젖은 돌바닥이나 유리창에 나뭇잎을 붙이면 물기 때문에 잘 붙어 있다.

2. 다양한 나뭇잎으로 구성해서 붙여본다.

3. 나뭇잎을 붙이며 노는 동안 쉽게 움직이지 않아 좋다.

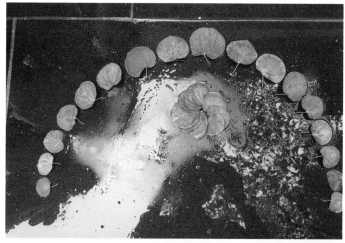

물방울 저금통 ━━━

준비물: 투명한 PP컵

1. 비가 그쳤을 때 투명한 컵을 들고 공원이나 숲에 가보자.

2. 어떤 나뭇잎에 물방울이 많이 맺혀 있나 살펴보자.

3. 나뭇잎에 달려 있는 빗방울들을 투명한 PP컵에 모아보자.

4. 박태기 나뭇잎처럼 광택 있는 나뭇잎에서 물방울을 잘 모을 수 있다.

> 🌱 **함께 읽어보아요**
>
> · **어느 작은 물방울 이야기** 베아트리체 알레마냐 글 · 그림, 책빛
> · **코끼리 아저씨와 100개의 물방울** 노인경 글 · 그림, 문학동네

물웅덩이 거울 ━━━

준비물: 나뭇잎

1. 주변에 비가 와서 생긴 물웅덩이를 찾아본다.

2. 주변에 떨어진 나뭇잎을 주워 와 물웅덩이 가장자리에 늘어놓는다.

3. 웅덩이에 비친 모습을 관찰한다.

> 🌱 **함께 읽어보아요**
>
> · **거울 속에 누구요** 조경숙 글, 윤정주 그림, 국민서관
> · **마음샘** 조수경 글 · 그림, 한솔수북

비 오는 날 놀아봐요 │ 비가 오는 날은 평소 경험해보지 못한 놀이들을 할 수 있다. 장화, 우비, 우산을 준비하고 바깥으로 나가 색다른 자연을 만나보자.

우산 디자이너 ──────

준비물: 나뭇잎, 투명 우산

1. 비 맞은 투명 우산을 바닥에 놓고 나뭇잎을 붙이면 물이 마를 때까지 잘 붙어 있다.

2. 나뭇잎은 표면에 털이 없는 것을 택한다.

3. 우산 겉면에 나뭇잎의 앞면이 마주하게 붙인다.

4. 다양한 나뭇잎을 여러 모양으로 구성해본다.

5. 우산을 쓰고 우산 안쪽에서 나뭇잎 붙인 것을 올려다보자.

🌿 함께 읽어보아요

· **비 오는 날 숲속에는** 타카하시 카즈에 글 · 그림, 천개의 바람
· **비 오는 날이 좋아졌어요** 아그네스 라로쉬 글, 루실 아르윌러 그림, 금동이책
· **신기한 우산가게** 미야니시 다쓰야 글 · 그림, 미래아이

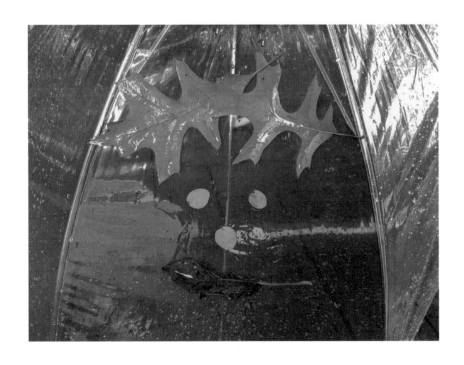

아까시 잎줄기 놀이

준비물: 아까시잎

1. 아까시 잎줄기의 아래쪽을 왼손으로 잡는다.

2. 오른손 엄지와 검지로 잎줄기의 아래에서 위쪽으로 나뭇잎을 훑는다.

3. 잎줄기 끝에 모아진 아까시잎을 보면 꽃모양을 하고 있다.

4. 친구를 축복하며 꽃폭탄을 뿌려준다.

5. 아까시잎으로 꽃 만들기를 하고 남은 잎줄기로 펜싱 놀이를 해보자.

6. 두 명이 아까시 잎줄기를 U자로 서로 걸어 끊기 놀이도 해보자.

7. 아까시 잎줄기에 작은 꽃잎을 꿰는 놀이도 해보자.

8. 가위바위보로 작은 잎을 하나씩 떼어내는 놀이도 해보자.

🌱 **함께 읽어보아요**

· **꽃점** 문명예 글 · 그림, 책읽는곰

아까시잎

아까시 나무 잎은 잎의 중심맥 양쪽으로 달걀 모양의 작은 잎이 9~19개 가량 어긋나게 달려 있다. 끝은 한 장의 작은 잎이 달려 하나의 잎을 이룬다. 수피에 턱잎이 변한 날카로운 가시가 있다. 긴 꽃대에 여러 개의 꽃이 달리며 5~6월경 흰색으로 피고 향기가 진하다. 꽃에서 꿀을 많이 얻을 수 있다.

아까시 코뿔소 ━✦━━━━━━

준비물: 아까시 가시

1. 아까시나무의 가시는 턱잎이 변한 것으로 힘을 주면 잘 떨어진다.

2. 가시 아래 단면에 물을 묻혀서 코끝에 붙이면 코뿔소로 변신!

3. 가시에 찔리지 않도록 조심해야 한다.

아까시 가시 압정 ━━━━✦━

준비물: 아까시 가시, 나뭇잎 편지

1. 아까시나무의 가시는 뾰죽해 나무껍질에 나뭇잎을 붙일 때도 쓴다.

2. 나뭇잎에 네임펜으로 편지를 쓴다.

3. 소나무, 굴참나무, 은행나무 등 수피가 두터운 나무에 잘 박힌다.

칡잎 나비 ⸺

준비물: 칡잎

1. 칡잎은 긴 잎자루에 3장의 잎이 달려 있다.

2. 칡잎 중 가운데 잎을 떼어낸다.

3. 아래 한 쌍의 칡잎을 들꽃으로 꾸미거나 이빨로 무늬를 만들어 나비 날개로 한다.

4. 가운데 잎의 잎자루를 조금 남겨 반으로 쪼개면 나비 더듬이가 된다.

5. 잎자루를 잡고 흔들거나 높이 던져 날리기를 해본다.

 함께 읽어보아요

· **나비가 되고 싶어** 엠마누엘레 베르토시 글 · 그림, 북극곰

| 칡잎 | 칡잎은 긴 잎자루에 마주보는 잎 2장과 그 가운데 잎 1장, 모두 3장이다. 자세히 보면 칡잎 3장은 모두 모양이 다르다. 가운데 잎은 아래 부분이 볼록하게 되어 있고, 마주보는 2개 잎은 볼록한 부분을 피해 윗부분은 좁다. 이것은 햇빛을 잘 받기 위해 서로 배려하는 모습인 것이다. 함께 잘 살아가려는 칡잎의 모양에서 자연의 순리를 배운다. |

칡잎 무늬 내기

1. 칡잎 중 가운데 잎은 마름모형이나 타원형을 하고 있다.

2. 가운데 칡잎을 반으로 접고 두 번 더 반으로 접는다.

3. 송곳니로 잘 씹어 구멍을 내준다.

4. 잎을 펴서 햇빛을 향해 보면 무늬가 보인다.

5. 접는 방법에 따라 다양한 무늬가 나온다.

🌿 함께 읽어보아요

· **줄무늬 없는 호랑이**   라울 로빈 모랄레스 글 · 그림, 키즈엠

· **줄무늬가 생겼어요**   데이빗 섀넌 글 · 그림, 비룡소

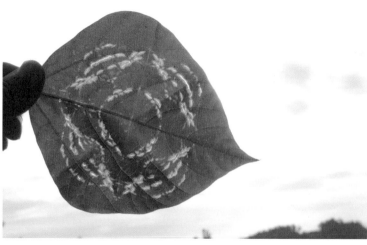

환삼덩굴잎 훈장

준비물: 환삼덩굴잎

1. 훈장은 누가 어떨 때 받을까에 대해 이야기를 나눠본다.

2. 게임을 해서 이겼을 때 환삼덩굴잎을 훈장처럼 붙여준다.

3. 그림이 있는 옷이라면 그림과 어울리게 붙여보자.

4. 매끄러운 재질의 옷에는 잘 붙지 않는다.

🌱 **함께 읽어보아요**

· **나는 나뭇잎이야**   안젤로 모칠로 글 · 그림, 현암주니어

환삼덩굴

환삼덩굴은 거친 땅에서도 잘 자라는 덩굴식물이다. 원줄기와 잎자루에 잔가시가 있어 옷에 잘 붙지만 다룰 때 조심해야 한다. 잎은 손바닥 모양으로 5~7개로 갈라져 있다. 7~8월에 꽃이 피고 열매는 9~10월에 익는다.

손녀들과
여름 숲놀이
1

2019. 8. 6.

태풍이 온다고 해서 걱정했더니 이 동네는 비교적 조용히 지나갔네요. 두 손녀와 우산을 들고 공원으로 향했어요. 떨어진 계수나무 잎을 모아 대리석 바닥에 붙이니 잘 붙어요. 빗물이 접착제인 셈이에요. 나뭇잎으로 꽃도 만들고, 무지개도 만들었지요. 손녀는 나뭇잎에 달린 물방울도 보석처럼 예쁘다네요.

전에 펜스에 대나무 잎으로 직조를 했던 곳을 찾아가 일찍 물든 담쟁이 잎으로 덧붙여 장식도 하고요. 아이들은 전에 놀던 곳을 다시 가보고 싶어 해요. 자기들이 만들어놓은 것이 잘 있나 궁금하다네요. 공원을 가로질러 흐르는 실개천에서는 나뭇잎 물고기 잡기놀이를 하고요. 바위에 사람 얼굴도 꾸미더니 슬픈 느낌이 난다며 이리저리 다르게 놓아보네요.

공원 운동기구 있는 곳의 바닥이 파손되어 어설프게 수리한 곳이 있어 '어떻게 보여?' 물으니 악어로 보인대요. 자연물을 가져다 더 악어 비슷하게 같이 꾸며봅니다. 새 모양도 작은 나뭇잎 두 장으로 덧붙이니 더 진짜처럼 보이네요.

나뭇가지로 새집을 짓고 안에는 솔잎을 깔아줍니다. 새 알이라면서 메타세쿼이아 열매도 가져다 넣어줍니다. 나뭇가지 끝에 열매를 끼워 마이크라고 폼 잡고 노래도 하지요. 노래를 마치고 열매 마이크는 다시 막대사탕이 되고 마지막에는 엄마에게 갈 선물이 됩니다. 소중하게 쥐고 갑니다.

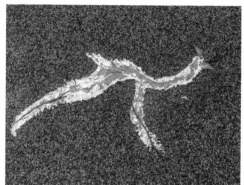

능소화 부케

준비물: 능소화, 작은 들꽃

1. 능소화는 고깔 모양을 하고 있어 작은 꽃을 꽂기에 좋다.
2. 주변에서 쉽게 구할 수 있는 들꽃을 꽂아 미니부케를 만들어보자.

능소화꽃 인형

준비물: 능소화, 풋감, 산적꽂이

1. 능소화 꽃잎 부분을 아래를 향하게 해서 옷으로 쓴다.
2. 2개의 산적꽂이의 뾰족한 쪽이 능소화꽃을 통과해서 감꼭지가 달린 풋감 정중앙에 꽂아준다.
3. 네임펜으로 풋감에 얼굴을 그려주고 흙에 꽂아 세운다.

능소화

능소화는 덩굴성 식물로 가지에 흡착뿌리가 있어 벽이나 나무를 타고 올라간다. 잎은 잎자루에 작은 잎 7~9개가 달린다. 꽃은 7~8월경 피며, 고깔모양으로 주황색이다. 양지 바른 곳에 관상용으로 많이 심는다.

맨드라미꽃 발레리나 ━━━ ⋯⋯⋯⋯⋯⋯⋯⋯

준비물: 맨드라미꽃, 마분지

1. 맨드라미꽃의 결을 따라 자른 것을 마분지에 붙인다.

2. 무엇처럼 보이는지 이야기를 나눈다.

3. 꼬불거리는 맨드라미꽃을 치마로 떠올려 발레리나로 완성한다.

🌿 함께 읽어보아요

· **발레리나 벨린다** 에이미 영 글·그림, 느림보
· **발레리나가 될 거야** 신지 가토 글·그림, 책읽는곰

맨드라미꽃 닭

준비물: 맨드라미꽃, 마분지

1. 맨드라미꽃이 닭의 볏을 닮아 계관화(鷄冠花)라고도 부른다.
2. 맨드라미꽃 일부분을 떼어 머리와 부리 밑에 붙이면 닭 얼굴 완성!

무궁화 꽃잎 나비 ~~~

1. 무궁화 꽃잎을 준비한다.

2. 꽃잎의 아래 도톰한 부분을 손톱으로 가르면 찐득한 진이 나온다.

3. 나오는 진액으로 인해 손가락이나, 콧등, 귓바퀴에 붙일 수 있다.

4. 무궁화와 같은 아욱과 식물인 접시꽃 꽃잎으로도 같은 놀이를 할 수 있다.

🍃 함께 읽어보아요

· **무궁화꽃이 피었습니다** 천미진 글 · 그림, 키즈엠

무궁화 | 무궁화는 7~10월경 꽃이 핀다. 새벽에 피었다가 해가 질 때 꽃이 떨어진다. 홑꽃
과 겹꽃이 있는데 홑꽃의 꽃잎은 5장으로 밑동은 서로 붙어 있다. 애국가 가사에
들어가면서 우리나라를 상징하는 꽃이 되었다.

밤꽃으로 놀아요

준비물: 밤나무 꽃, 자연물

1. 6월경 떨어진 밤꽃으로 얼굴 꾸미기를 할 수 있다.

2. 얼굴 형태, 머리카락, 수염 등을 표현한다.

3. 밤꽃 여러 개를 묶어서 머리 장식물로도 쓴다.

밤꽃

밤꽃은 6월경 진하고 독특한 향기를 풍기며 꽃을 피운다. 꼬리 모양의 긴 꽃이삭이 수꽃이다. 암꽃은 그 아래에 2~3개가 달린다. 밤꽃에서 갈색의 밤 꿀을 얻을 수 있다. 열매인 밤은 견과로 9~10월에 익으며 영양이 풍부해 성장과 발육에 좋다.

2020. 6. 21.

모처럼 손녀들과 숲체험!

지난주, 숲체험 가자고 했더니 자주 가서 싫다고 해서 힘이 빠졌습니다. 오늘은 예배드리고 와서 쉬는데 숲에 가고 싶다 해서 반색하며 달려갔어요. 기온이 30도에 육박하나 숲은 시원했습니다. 물이 줄어든 시냇가에서 아기 송사리도 잡아보고 숲길로 갑니다.

날개가 찢겨 나뭇잎에서 쉬는 나비를 보더니 작은손녀는 밴드를 붙여주면 될텐데 하고 큰손녀는 밴드 붙이면 무거워 날지 못한다 하고 갑론을박입니다. 약수터에서 시원한 물도 떠 마시고 민달팽이 흉내를 내기도 하고 계단을 올라가다 위에서 내려다보던 작은손녀가 산딸기를 발견해, 다시 내려가 따다 먹었습니다.

계단 중간 참에서 초등생 오빠들이 썩은 등걸에서 사슴벌레 잡는 것을 흥미롭게 지켜보고 다시 임도길로 들어섰습니다. 벌써 1시간이 흘렀어요. 집에 가고 싶다는 소리도 하지만 임도 끝에서 할아버지를 만나기로 했으니 달래서 부지런히 갑니다. 중간중간 재미난 활동을 하면 집 생각을 안 하고 햇빛 나는 임도길 걸으면서 힘들면 엄마가 보고 싶다고 하네요.

애벌레가 먹고 버린 나뭇잎으로 얼굴도 꾸미면서 '나뭇잎 손님과 애벌레 미용사' 그림책 얘기도 하고, 임도길 바닥의 돌멩이에서 새 머리를 찾아내고, 절개지 사면의 고운 흙에 그림을 그립니다. 나뭇잎으로 나비도 만들어 흙벽에 붙여도 보고, 애벌레가 먹고 버려 동그랗게 말린 잎은 꽃다발 받침이 됩니다. 꽃다발은 엄마에게 준다며 갖고 갑니다.

감꼭지 미니 부케

준비물: 감꼭지, 들꽃 여러 개

1. 감꼭지 가운데 구멍을 확인한다.
2. 들꽃을 적당한 길이로 자르고 아래 줄기 부분 잎은 정리한다.
3. 감꼭지 구멍에 예쁘게 꽂으면 따로 묶지 않아도 고정이 된다.

감꼭지 배씨 머리띠와 목걸이

준비물: 감꼭지, 20cm 이상 되는 토끼풀꽃 줄기 2개

1. 감꼭지의 가운데 구멍이 뚫려 있나 확인한다.
2. 토끼풀꽃 긴 것 2개를 구멍에 끼워 양쪽으로 갈라준다.
3. 정수리에 감꼭지가 가도록 해서 머리 뒤로 묶어준다.(배씨 머리띠)
4. 같은 방법으로 만들어 목둘레에 묶어주면 목걸이가 된다.

> 🌿 **함께 읽어보아요**
>
> · **꽃을 선물할게** 강경수 글 · 그림, 창비

감꼭지

감나무는 5~6월에 연노랑색 꽃을 피운다. 감꽃을 실에 꿰어 목걸이로 만들기도 했다. 꽃받침(감꼭지)은 4개로 갈라져 있으며, 6~7월경 감나무 밑에 가면 쉽게 구할 수 있다. 꽃받침은 여러 가지 놀잇감으로 쓰이니 근처에 감나무가 있는 곳을 알아두면 좋다.

감꼭지 요술봉 ⟋‿⟍ ·······························

준비물: 감꼭지 여러 개, 가는 나뭇가지

1. 감꼭지의 구멍에 맞는 나뭇가지를 찾아 감꼭지를 꽂는다.

2. 나뭇가지 아래로 감꼭지가 빠져 내려가지 않게 한다.

3. 나뭇가지 윗부분에 감꼭지를 여러 개 꽂아 마술봉을 완성한다.

4. "수리수리 마수리, 토끼로 변해라 뿅!" 하고 마술봉으로 지적 받은 친구는 주문 대로 움직여본다.

감꼭지 팽이 ━━━━━━━ ·······························

준비물: 감꼭지, 나뭇가지

1. 감꼭지 가운데 구멍에 딱 맞는 나뭇가지를 끼워 바닥에 대고 돌린다.

2. 사진처럼 감꼭지를 손가락 끝으로 팅겨도 잘 돌아간다.

3. 감꼭지 가운데 구멍크기보다 가는 나뭇가지나 풀줄기를 끼우고 입으로 불어도 잘 돌아간다.

3. 익지 않고 떨어진 땡감에 나뭇가지를 꽂아서도 팽이를 만들 수 있다.

강아지풀 모빌

준비물: 감꼭지, 강아지풀 이삭 여러 개

1. 감꼭지를 여러 개 준비한다.

2. 감꼭지 가운데 작은 구멍이 있나 확인하고 없으면 뚫는다.

3. 준비한 강아지풀 이삭 여러 개를 구멍에 넣는다.

4. 강아지풀 줄기를 가지런히 하고 끝부분을 묶어 매달아준다.

강아지풀 마술

준비물: 강아지풀 이삭

1. 줄기를 조금 남긴 강아지풀 이삭을 준비한다.

2. 손바닥 가운데 이삭 줄기가 위로 향하게 놓고 살짝 쥔다.

3. 잼잼 놀이를 하듯 손바닥을 쥐었다 폈다를 반복하면 강아지풀 이삭이 위로 올라온다.

강아지풀

밭과 들에서 자라는 한해살이풀로 높이 20~100cm 정도로 자라 여름에 꽃핀다. 줄기에 잎은 어긋나기로 달린다. 이삭은 통 모양이며 익을 때 고개를 숙이며, 먹기도 했었다. 이삭 줄기에 달린 긴 털은 대부분 녹색이거나 자주색이다.

개양귀비 열매 조형놀이

준비물: 개양귀비 열매, 들꽃, 찰흙

1. 잘 익어 갈색으로 변한 개양귀비 열매를 한 뼘 크기로 잘라 모은다.

2. 개양귀비 열매는 스티로폼 같아서 개양귀비 가지가 잘 꽂힌다.

3. 꽃, 바람개비, 안경 등 여러 가지 모양으로 만들어본다.

개양귀비

5~6월경 피는 개양귀비는 일명 꽃양귀비로도 부른다. 아편의 원료가 되어 재배가 불법인 양귀비와는 달리 관상용으로 많이 심는다. 열매 머리 부분은 무늬가 예쁘고, 열매 몸통 부분은 스티로폼 같아서 꽂을 수 있다.

개양귀비 열매 문양 찍기

준비물: 개양귀비 열매, 찰흙

1. 잘 익은 개양귀비 씨 주머니의 무늬를 관찰한다.

2. 개양귀비 열매의 윗부분으로 찰흙판에 찍으면 무늬가 나온다.

3. 찰흙판을 잘 말려주면 예쁜 무늬의 장식품이 된다.

목련 열매 구성 놀이 ━━━━ ·············

준비물: 목련 어린 열매

1. 닭벼슬 모양의 어린 목련 열매들을 많이 모은다.

2. 평평한 곳에 목련 열매를 늘어놓아 어떤 모양을 만들지 생각한다.

3. 구부러진 것과 곧은 열매로 다양한 구성놀이를 해본다.

**목련
어린 열매** | 목련은 3~4월에 잎이 나기에 앞서 종모양의 흰색 꽃이 핀다. 열매는 9~10월에 홍갈색으로 익고 그 안에 빨간 씨가 들어 있다. 6월경 목련 나무 밑에 가면, 익지 않고 떨어진 연두색 어린 열매가 많이 있다.

목련 어린 열매로 그리기 ━━━━━ ....

준비물: 목련 어린 열매, 두꺼운 도화지

1. 6월경 목련 어린 열매들이 많이 떨어진다.

2. 도화지에 목련의 어린 열매로 그림을 그린다.

3. 연두색 열매에서는 연두색, 떨어진 지 오래된 갈색 열매에서는 갈색이 나온다.

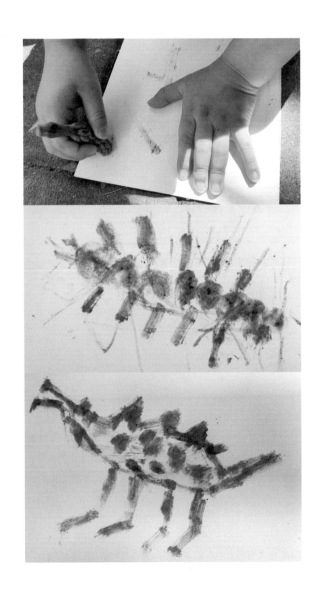

뱀딸기 반지 ━━━━ ∙∙∙∙∙∙∙∙∙∙∙∙∙∙∙∙∙∙∙∙∙∙∙∙∙∙∙∙∙∙∙∙∙∙∙∙

1. 뱀딸기 열매가 달린 줄기를 10cm 가량 끊어서 준비한다.

2. 열매가 손가락 중앙에 오도록 한 다음 한 바퀴 돌려서 묶어준다.

뱀딸기 부케 ━━━━ ∙∙∙∙∙∙∙∙∙∙∙∙∙∙∙∙∙∙∙∙∙∙∙∙∙∙∙∙∙∙∙∙∙∙∙∙

1. 뱀딸기 열매가 달린 줄기를 여러 개 준비한다.

2. 뱀딸기 열매 줄기를 감꼭지 구멍에 꽂으면 뱀딸기 꽃다발이 된다.

뱀딸기 | 뱀딸기는 햇빛이 잘 드는 풀밭이나 숲 가장자리에서 흔히 볼 수 있다. 줄기는 땅 위에 길게 뻗으며 자란다. 꽃은 4~5월에 긴 꽃자루에서 노란색으로 1개씩 피고, 6월경 잘 익은 열매는 새들이 좋아한다.

버찌 악보 놀이

준비물: 안 익은 버찌

1. 5월쯤 안 익어 떨어진 버찌 중 꼭지가 있는 것을 모아본다.

2. 데크길 방부목에 있는 줄무늬를 이용하거나 오선지를 그려 사용한다.

3. 아이들과 같이 부를 수 있는 쉬운 노래를 계명으로 불러본다.

4. 계명에 따라 버찌를 놓아 악보를 꾸미고 노래해본다.

버찌

벚나무는 봄에 수많은 꽃을 피우고 그 자리에 열매인 버찌를 맺는다. 버찌가 진한 보라색으로 익으면 새들의 맛난 먹이가 된다. 떨어진 설익은 버찌는 놀잇감이 되고, 잘 익은 버찌는 천연 물감으로 쓸 수 있다.

버찌 물감 놀이

1. 5~6월경 잘 익은 버찌를 모은다.

2. 버찌즙을 손가락이나 붓으로 찍어 물감으로 사용한다.

3. 밀가루, 잘 익은 버찌, 물을 넣고 반죽하면 보라색 점토가 된다.

옥수수 껍질 코사지 ——

준비물: 옥수수 껍질

1. 옥수수의 겉껍질 두세 겹은 버리고 속껍질을 벗겨 손가락 굵기 정도로 길게 찢어놓는다.

2. 반으로 접어 열댓 개를 모아 꽃처럼 만든다.

3. 아래 손잡이 부분을 옥수수 껍질로 묶어준다.

4. 꽃심 부분에 옥수수 갈색 수염을 모아 꽂아도 좋다.

5. 자색옥수수는 껍질이 자주색이라 예쁘게 쓸 수 있다.

옥수수

예전에는 옥수수를 먹고 겉껍질은 버리고 부드러운 속껍질로는 방석이나 바구니를 만들기도 했다. 옥수수 알갱이를 다 먹고 생기는 옥수수 대공으로 미술놀이(물감 찍기, 만들기)도 할 수 있다.

2020. 7. 26.

꾸물거리는 날씨. 비가 오기 전에 바라산 맑은숲 공원에 잘 다녀왔어요. 손녀들과의 숲체험은 늘 행복합니다.

오늘 주제는 ♡랍니다. 나뭇잎과 돌멩이에서 하트 찾기.

냇가에서 예쁜 하트돌멩이를 찾고는 엄마에게 갖다 준다고 좋아했는데 놓고 왔다고 아쉬워하는 둘째, 큰손녀는 나뭇잎 하나에서 ♡를 찾고, 나뭇잎 두 장으로 ♡를 만들었어요. 계곡에서 돌멩이를 주워 아빠 얼굴도 꾸며봅니다.

비바람에 떨어진 나뭇잎이 연이틀 반짝 든 날씨에 말라 꼬부라져 있네요. 찢겨진 참나무 잎을 보더니 딱 여우얼굴이라고 하네요. 나뭇잎을 합치니 여우가 되었어요. 지나는 등산객들도 여우다 여우~ 하는 소리에 큰손녀 어깨에 힘이 들어갑니다.

비가 온 후라 숲에 버섯이 많이 보였어요. 버섯을 뒤집으면 보이는 주름 사이에 풀꽃도 합니다. 빨간색 버섯은 사람 입이 되기도 하고 눈이 되기도 합니다. 그루터기는 다양한 얼굴 꾸미기 판이 되기도 하고 케이크 판이 되기도 합니다.

등산로 데크 청소 빗자루로 마법의 빗자루 놀이를 하고요. 긴 나뭇가지로는 봉 돌리기도 하며 놀아요.

빗방울이 떨어져 부지런히 나오는데 등산로 초입 나무 등걸 안에 떡하니 자리 잡은 두꺼비를 봤어요. 책에서만 보던 두꺼비를 이 숲에서는 자주 본답니다. 앞으로 두꺼비와 더 친해질 것 같아요.

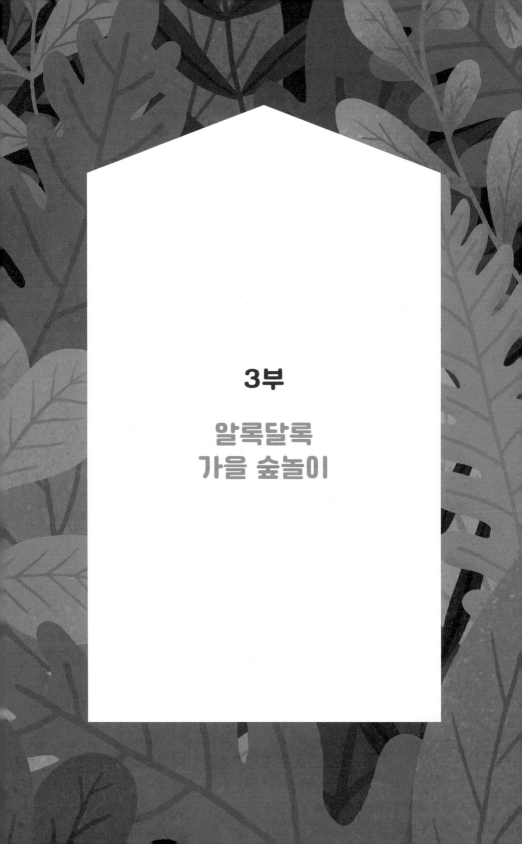

3부

알록달록
가을 숲놀이

나뭇잎 가면 —

1. 크고 도톰한 일본목련, 양버즘나무, 목련잎은 가면 만들기에 좋다.

2. 얼굴에 대어보고 눈과 입의 위치를 확인하고 구멍을 뚫어준다.

3. 고무줄로 묶어주거나 잎자루를 잡으면 가면놀이가 가능하다.

나뭇잎 공 ⌒⌒

준비물: 다양한 낙엽, 양파망

1. 양파망에 낙엽을 많이 모아 담고 묶는다.

2. 위와 아래를 잘 묶어 공처럼 만들어서 갖고 논다.

🍂 함께 읽어보아요

· **그 공 차요** 박규빈 글 · 그림, 길벗어린이
· **공놀이 하자** 피터 매카티 글 · 그림, 봄봄출판사

낙엽 가을이 되면 나뭇잎 안의 엽록소 활동이 줄어든다. 엽록소에 가려 있던 카로틴, 크산토필, 타닌 등이 겉으로 드러나며 나뭇잎이 물이 든다. 기온이 떨어지면 잎자루 아래에 떨켜가 생겨 나무들은 나뭇잎을 떨군다. 그렇지 않으면 나무는 말라 죽는다. 떨어진 잎은 나무의 뿌리가 얼지 않도록 덮어주고 거름이 되어준다.

나뭇잎 꼬치 ━━━━ ....

준비물: 다양한 단풍잎, 나뭇가지

I. 다양한 단풍잎을 모아서 색깔별 혹은 종류별로 나눠본다.

2. 나뭇가지에 모은 단풍잎을 끼워 꼬치 형태를 만든다.

3. 여러 개의 꼬치를 만들어 바닥에 꽂아 케이크처럼 만들어 생일축하 놀이를

  해도 좋다.

나뭇잎 팔레트

준비물: 다양한 단풍잎, 팔레트 모양종이, 양면테이프

1. 마닐라지처럼 두꺼운 종이를 팔레트 모양으로 오려서 준비한다.

2. 팔레트 모양 종이에 양면테이프 조각을 7개 정도 붙인다.

3. 다양한 단풍잎과 꽃잎을 양면테이프 접착면에 붙여 완성한다.

🍃 함께 읽어보아요

· **페르디의 가을 나무** 줄리아 롤린슨 글, 티파니 비키 그림, 느림보

나뭇잎 도화지 & 편지지

준비물: 양버즘나무 잎, 목련잎, 태산목 잎, 페인트 마카펜

1. 도톰하고 앞면이 판판해야 그리기에 좋다.
2. 갈색이나 짙은 초록색 나뭇잎에 흰색 페인트 마카펜으로 그린다.

나뭇잎 패션쇼

준비물: 도화지, 다양한 단풍잎, 양면테이프

1. 도화지에 사람을 그린 후 옷 부분을 칼로 파낸다.
2. 남아 있는 부분에 양면테이프를 붙여준다.
3. 구멍 뒤에 단풍잎을 대어보며 알맞은 배색으로 고른다.
4. 양면테이프 접착면을 떼어내고 나뭇잎을 붙여준다.

🍃 **함께 읽어보아요**

· **나의 원피스** 니시마키 가야코 글 · 그림, 한솔수북

나뭇잎 망원경

준비물: 목련잎 큰 것

1. 11월경 갈색으로 물든 목련잎 중 큰 것으로 1장 준비한다.

2. 목련잎의 꼭지(잎자루) 반대쪽부터 둥글게 말아준다.

3. 둥글게 만 것 중간부분에 구멍을 뚫고 잎자루를 끼워 고정시킨다.

4. 망원경처럼 자연을 관찰해본다.

🍃 **함께 읽어보아요**

· **망원경은 타임머신이야** 강지혜 글, 강은옥 그림, 키즈엠

나뭇잎 가방

준비물: 양버즘나무 잎, 풀줄기 혹은 가는 나뭇가지

1. 양버즘나무 잎을 사진의 순서대로 접는다.

2. 가운데 뾰족한 부분을 위로 접는다.

3. 양쪽 날개 부분을 가운데로 모아 접는다.

4. 접힌 부분을 강아지풀 줄기나 작은 나뭇가지로 고정시켜준다.

5. 고정시킬 때 잎자루가 있는 면은 고정하지 말아야 한다.

6. 잎자루는 가방의 손잡이가 된다.

7. 가방 안에 열매를 넣거나 들꽃 꽃꽂이에 쓸 수 있다.

🍃 함께 읽어보아요

· **가방 안에 든 게 뭐야** 김상근 글 · 그림, 한림출판사
· **행복한 가방** 김정민 글 · 그림, 북극곰

나뭇잎 그림자

준비물: 생강나무 잎

1. 가을 햇살이 좋은 날에 가능한 놀이다.

2. 노랗게 물든 생강나무 잎을 2장 준비한다.

3. 해를 마주하고 한 손에 한 장씩 생강나무 잎을 들고 조금씩 겹쳐본다.

4. 겹치면서 나타나는 그림자를 다양하게 만들어본다.

🌿 함께 읽어보아요

· **그림자 놀이** 이수지 글 · 그림, 비룡소
· **생쥐의 손 그림자 숲속 탐험** 개똥이 글, 박건웅 그림, 개똥이

생강나무 생강나무는 산지의 반그늘에서 자라고, 이른 봄 다른 나무에 비해 일찍 노란 꽃을 피운다. 줄기나 잎의 상처에서 생강 향기가 난다. 생강나무 꽃은 혈액 순환과 면역력 강화에 좋은 차의 재료가 된다. 잎은 모양도 예쁘고 가을이 되면 노란색 단풍이 든다. 9~10월에 검게 익는 열매는 산새들의 좋은 먹이가 된다.

나뭇잎 목걸이 ⊥

준비물: 크기가 다른 벚나무 단풍잎 서너 장, 긴 풀줄기

1. 곱게 물든 벚나무 단풍잎 3~4장을 큰 순서대로 포개놓는다.
2. 이쑤시개로 잎자루 아래 잎맥을 중심으로 2개의 구멍을 뚫는다.
3. 긴 풀줄기로 사진과 같이 구멍을 통과한 후 적당한 길이로 묶어준다.
4. 마땅한 풀줄기가 없을 경우는 굵은 실로 대신한다.

> 🌱 **함께 읽어보아요**
>
> · **세상에서 가장 아름다운 목걸이** 아넬리즈 외르트에 글 · 엘리자 카롤리 그림, 푸른숲 주니어

나뭇잎 박쥐 ⊥

준비물: 양버즘나무 잎

1. 양버즘나무 잎은 단풍도 곱게 들고 쓰임새가 많다.
2. 뾰족뾰족한 양버즘나무 잎의 모양을 살려 그림처럼 접어준다.
3. 박쥐의 모습을 떠올려보며 작은 구멍을 뚫어준다.

> 🌱 **함께 읽어보아요**
>
> · **꼬마 오스카 박쥐를 만나다** 제프 워링 글 · 그림, 다산글방
> · **루푸스 색깔을 사랑한 박쥐** 토미 웅게러 글 · 그림, 현북스

나뭇잎 비행기 ✈

준비물: 일본목련잎, 목련잎

1. 긴 타원형의 일본목련 나뭇잎에 그림과 같이 선을 그어준다.
2. 선을 따라 가위로 오려 비행기를 만든다.
3. 잎자루 부분을 비행기 머리로 하고 중간 부분을 잡고 날린다.

👆 **함께 읽어보아요**
- **나뭇잎이 달아나요**   올레 쾨네케 글 · 그림, 시공주니어
- **다람이의 종이 비행기**   토네 사토에 글 · 그림, 봄봄출판사

나뭇잎 색상환 ─

준비물: 벚나무 단풍잎

1. 다양한 색의 벚나무 단풍잎을 색깔별로 모아놓는다.
2. 연노랑색 잎을 놓고 점점 진한 색 나뭇잎 순으로 늘어 놓아본다.
3. 또 다른 방법은 가운데에 연노랑색 나뭇잎을 놓고, 그 바깥쪽으로 둥글게 점점
   진한 색 계열로 벚나무 단풍잎을 놓아본다.

👆 **함께 읽어보아요**
- **페르디의 가을 나무**   줄리아 로린슨 글, 티파니 비치 그림, 느림보

나뭇잎 색종이

준비물: 감나무 잎, 가위

1. 감나무 잎은 단풍도 예쁘게 들고 광택도 있고 잘 오려진다.

2. 무엇을 만들지 생각해서 오려서 구성해 도화지에 붙인다.

나뭇잎 스테인드글라스

준비물: 검정 도화지, 다양한 단풍잎, 양면테이프

1. 검정 도화지를 칼을 사용해서 하고 싶은 모양으로 오려낸다.

2. 남아 있는 뒷부분에 양면테이프를 붙인다.

3. 단풍잎을 양면테이프 접착면에 붙인다.

4. 햇빛에 비춰 보면 멋진 스테인드글라스를 경험하게 된다.

나뭇잎 선물 꾸러미

준비물: 목련잎, 일본목련잎, 작은 열매

1. 가을이 되면 크고 작은 열매를 구하기 쉽다. 열매를 꾸러미에 담아 선물해보자.
2. 나뭇잎을 가로와 세로로 삼등분으로 접는다.
3. 제일 가운데 칸에 열매를 담고 좌우, 상하를 접어 열매를 감싼다.
4. 잎자루를 사용해서 사진처럼 꽂아 고정시키고 손잡이로 사용한다.
5. 여러 개가 잎자루로 묶여 있어 고정시키기 어려울 때는 풀줄기로 고정한다.

나뭇잎 왕관

준비물: 양버즘나무 잎, 벚나무 잎, 풀줄기나 잔 나뭇가지

1. 양버즘나무 잎의 잎자루는 자른다.
2. 나뭇잎을 가운데 주 잎맥과 직각으로 반으로 접는다.
3. 접은 나뭇잎을 조금 겹쳐서 끼우고 풀줄기나 잔가지로 고정시킨다..
4. 머리 둘레에 맞춰 크기를 조정해서 잔가지로 마무리한다.

🌿 **함께 읽어보아요**

· **왕관을 쓴 코코** 엘리사 게힌 글 · 그림, 키즈엠

나뭇잎 연 ━━

준비물: 양버즘나무 잎, 색습자지, 딱풀, 끈

I. 크고 찢기지 않은 양버즘나무 잎의 뾰족한 쪽에 가로 3cm, 세로 30cm의 색습자지를 딱풀로 붙인다.

2. 양버즘나무의 잎자루에 끈을 매단다.

3. 바람이 부는 날 끈을 잡고 달리면서 연을 날려본다.

🌿 **함께 읽어보아요**

· **바람이 좋아요** 최내경 글, 이윤희 그림, 마루벌
· **우리 함께 연날리기 할까?** 페니 해리스 글, 위니 저우 그림, 썬더키즈

나뭇잎 요술봉 ━━

준비물: 공작단풍잎, 꽃철사, 나뭇가지

I. 공작단풍잎은 잎자루가 길고 잎 모양이 예쁘다.

2. 이 잎을 많이 모아 꽃철사로 나뭇가지 끝에 묶어 요술봉을 만든다.

3. 술래는 요술봉으로 I명을 지목하면서 '호랑이로 변해라 뿅!' 하고 외친다.

4. 지목 받은 사람은 술래의 지시문을 행동으로 표현한다.

나뭇잎 자화상

준비물: 나뭇잎, 작은 열매, 도화지, 양면 테이프

1. 도화지에 머리카락 부분은 남기고 나머지 얼굴을 그린다.
2. 머리 부분은 양면테이프를 붙여 놀이판을 만든다.
3. 다양한 색깔의 나뭇잎을 모아서 머리 부분 테이프 자리에 붙인다.
4. 작은 열매로는 예쁘게 장식하는 데 사용한다.

나뭇잎 촛불

준비물: 벚나무 단풍잎

1. 벚나무 빨간 단풍잎 중 뾰족한 끝이 검은색인 것을 준비한다.
2. 주 잎맥 위에서 1.5cm 지점 좌우 잎맥을 따라 사선으로 잘라준다.
3. 불꽃의 모서리 부분을 궁글려준다.
4. 사진처럼 나뭇잎 양쪽을 앞으로 접는다.
5. 남은 나뭇잎 양쪽도 포개서 접고 잎자루를 꽂을 자리에 작은 구멍을 뚫어준다.
6. 잎자루를 작은 구멍에 꽂아 고정시켜준다.

🌱 함께 읽어보아요

· **촛불책** 경혜원 글·그림, 웅진주니어

나뭇잎 치마 ⌐——

준비물: 일본목련잎 여러 장

1. 일본목련잎은 길이가 긴 것은 40cm 가까이 된다.

2. 11월경 일본목련 낙엽을 주워 잎자루 부분을 바지허리 춤에 끼워 넣으면 멋진 치마가 된다.

> 🌱 **함께 읽어보아요**
>
> · **세상 끝까지 펼쳐지는 치마**   명수정 글 · 그림, 글로연

나뭇잎 피자 ⌐———

준비물: 다양한 단풍잎, 나뭇가지, 열매

1. 나뭇가지로 피자 모양의 큰 원과 칸막이를 구성한다.

2. 칸마다 한 가지의 나뭇잎이나 열매로 채워 피자 형태를 완성한다.

> 🌱 **함께 읽어보아요**
>
> · **아빠와 피자놀이**   윌리엄 스타이그 글 · 그림, 비룡소
> · **피자를 먹지 마**   존 버거맨 글 · 그림, 토토북

나뭇잎 하트

준비물: 벚나무 단풍잎

1. 10~11월경 예쁘게 물든 벚나무 단풍잎을 주워 잎맥을 관찰한다.

2. 벚나무 잎 잎맥을 중심으로 반으로 접는다.

3. 나뭇잎에 반쪽 하트 모양을 그린 후 엄지손톱으로 꼭꼭 눌러 자른다.

4. 가운데 잎맥은 자르지 않도록 조심한다.

5. 나뭇잎을 펴면 가운데 하트 모양이 나온다. 그 부분만 뒤집어본다.

나뭇잎 훈장 ━━━

준비물: 아기단풍나무 단풍잎, 투명 시트지 10cm×20cm

1. 10~11월경 예쁘게 물든 아기단풍나무 잎을 4~5장 모은다.

2. 준비한 투명 시트지를 1/2만 벗긴다.

3. 아기단풍나무 잎을 시트지 끈끈한 면 위에 예쁜 모양으로 놓는다.

4. 시트지 나머지 부분도 벗겨서 나뭇잎이 있는 면을 덮는다.

5. 손바닥으로 잘 눌러서 나뭇잎이 잘 붙도록 한다.

6. 모서리를 굴려주고 상단 중앙에 펀치로 구멍을 뚫고 옷핀을 달아준다.

7. 훈장처럼 가슴에 달아준다.

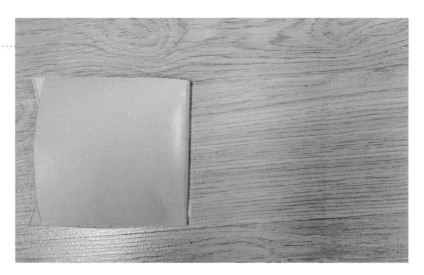

은행잎 나비

1. 은행잎 2장을 앞면이 위로 오게 포갠 후 반으로 접는다.

2. 잎자루 2개를 모아 한 바퀴 돌려 묶어준다.

3. 은행잎 잎자루 2개는 나비의 더듬이가 된다.

4. 은행잎 가운데 벌어진 부분을 조금 더 찢어주면 완성.

은행잎 꽃

1. 은행잎 중 둥글게 오므라진 나뭇잎 3～4장을 가운데로 모은다.

2. 은행잎을 한 장 한 장 1번 묶음에 감싸준다.

3. 크기가 큰 은행잎은 바깥 부분으로 감싸서 꽃으로 완성한다.

풀 가발 놀이

준비물: 얼굴 놀이판

1. 숲이나 공원에서 가늘고 긴 풀이 자라는 곳을 찾는다.

2. 박스 종이에 머리 부분이 없는 얼굴 놀이판을 그리고 오린다.

3. 얼굴 놀이판을 풀숲 아래에 끼우고 풀을 머리카락으로 삼아 꾸민다.

4. 풀을 머리카락처럼 따주고 가운데 부분은 가위로 잘라 앞머리로 꾸민다.

> 🌱 **함께 읽어보아요**
>
> · **내 가발 어디 갔지?** 마리 미르겐 글 · 그림, 책빛
> · **코끼리 미용실** 최민지 글 · 그림, 노란상상

2018. 9. 25.

오랜만에 찾아온 연휴라 손녀들과 가까운 숲에 가서 여유 있게 놀다왔습니다. 8월에 두 돌을 지난 작은손녀는 숲이 처음인지라 조심스러웠습니다. 비교적 완만한 집 근처 대학교 정원과 아파트 바로 옆 숲으로 쏭~

큰손녀는 태풍에 쓰러진 큰 통나무 기어오르기를 제법 하고요. 작은손녀는 혹시나 걱정이 되어 붙잡아주었습니다. 가을 햇살 속에 돌아다니며 열심히 열매들을 모았습니다. 알밤은 벌써 부지런한 사람들이 주워 갔더군요. 우리는 도토리 몇 개와 도토리 각두, 밤 쭉정이, 솔방울, 산수유 열매 등으로 커다란 그루터기 위에 풍성한 가을 밥상을 차렸습니다.

그루터기는 케이크판으로 변해서 손녀들이 제일 좋아하는 생일 축하 촛불도 끄고 손뼉도 치며 놀았습니다. 그루터기는 또 도토리 각두 탑쌓기 놀이판이 되었습니다. 하나하나 조심스럽게 쌓다가 무너지면 다시 쌓고요. 그루터기 옆 커다란 참죽나무 껍질 틈 사이에 나뭇가지 꽂기 놀이도 했습니다.

작은 나뭇가지를 야무지게 틈새에 다 꽂은 다음에는 누가 나뭇가지를 잘 빼서 모으나 게임도 했답니다. 나무껍질과 끼운 나뭇가지 색깔이 비슷해 잘 봐야 끼운 곳을 알 수 있답니다. 참죽나무 잎줄기는 떨어져 마르면 둥글게 휘어져 낚싯대라고 부릅니다. 거기에 떨어진 나뭇잎을 물고기 삼아 꽂아주는 낚시놀이로 이어집니다. 나중에는 떡꼬치가 연상되는 낙엽꼬치를 만들어 재미있게 놀았답니다.

나뭇가지 직조

1. 가지가 Y자로 벌어진 나무를 찾는다.

2. 벌어진 정도에 따라 적합한 나뭇가지를 Y자 사이에 끼운다.

3. 나뭇잎을 끼운 나뭇가지를 Y자 사이에 끼우면 보기에 좋다.

나뭇가지 낚시

준비물: 둥글게 구부러진 나뭇가지, 나뭇잎

1. 둥글게 구부러진 나뭇가지나 참죽나무의 잎자루를 낚싯대로 쓴다.

2. 여러 가지 단풍 든 나뭇잎을 나뭇가지에 꿰어본다.

3. 빨강 물고기를 잡아보자, 노랑 물고기를 잡아보자.

🍃 함께 읽어보아요

· **별낚시** 김상근 글 · 그림, 사계절

춤추는 참나무 가지 ━━━━

준비물: 참나무 가지

1. 늦여름 참나무 밑에 거위벌레가 자른 참나무 가지가 많이 있다.

2. 그 가지를 살펴보면 도토리는 머리요, 그 아래 나뭇잎들은 꼭 춤을 추는 팔과 다리로 보인다.

3. 적당한 나뭇잎의 배치로 춤추는 모습을 표현해보자.

🖐 함께 읽어보아요

· **난 나의 춤을 춰** 다비드 칼리 글, 클로틸드 들라크루아 그림, 모래알

참나무

7~8월 말 참나무 바닥에는 도토리가 달린 참나무 가지가 많이 떨어져 있다. 이는 도토리 거위벌레가 긴 주둥이로 도토리에 구멍을 내고 알을 낳고 가지를 잘라 땅에 떨어뜨린 것이다. 가지째 떨어뜨리는 것은 도토리 속의 알이 충격을 덜 받게 하려는 것이라 한다.

2019.11.10.

양재동 꽃시장과 시민의 숲을 다녀온 후 딸 내외의 도움 요청에 두 손녀는 내 차지. 이런 횡재가!

배낭에 간식과 물을 넣고 뒷산으로 갑니다. 울긋불긋 단풍을 보고 연신 예쁘답니다. 오르는 길에 굴참나무 수피에서 보물찾기 놀이를 하고 태풍에 넘어져 아이들의 놀이공간이 된 나무에서 나무타기를 합니다. 마치 애벌레처럼 꼬물꼬물 기어오릅니다. 왜 나무가 쓰러졌는지 묻기에 답해주니 나무 뿌리부분을 유심히 봅니다.

텃밭 주인장 장화가 밭 가운데 걸린 것을 보고 나비 같다며 몸으로 손으로 큰 나비와 작은 나비를 만들어 펄럭입니다. 숲길을 나비처럼 날 듯이 걸어갑니다. 무수한 일본 목련의 오목하게 마른 낙엽을 그릇 삼아 빨강 잎사귀는 김치, 노랑 잎사귀는 치즈, 잣나무 바늘잎은 파스타랍니다. 음식 이름은 '김치 치즈 파스타.' 자잘한 나뭇가지로 젓가락을 만들어 곁에 놓으니 그럴 듯합니다.

엄청 기다란 일본목련잎으로 치마를 만들어 입고 긴 나뭇가지를 들고 오솔길에서 미스코리아 워킹도 하고, 잠시 들른 대학교 정원에서는 바늘처럼 뾰족한 실유카 잎에 단풍잎을 꽂아 미리크리스마스 & 촛불 끄기를 해봅니다. 구부러진 참죽나무 잎자루는 낚싯대가 되어 단풍잎 물고기 낚시놀이를 합니다. 딸이 집에 왔다는 기별에 오늘은 숲놀이는 이만 끝! 어떤 놀이가 제일 재미있었느냐 물으니 '전부 다'라고 하네요. 맑고 아름다운 가을만큼 두 손녀와 진한 숲놀이는 ♡이었답니다.

꽃잎 염색

준비물: 코스모스꽃, OHP필름

1. 가을꽃의 대표인 코스모스꽃을 도화지나 순면 원단에 올려놓는다.

2. 꽃 위를 OHP필름으로 덮고 수저나 나무망치로 두드려준다.

3. 꽃잎의 모양과 색이 곱게 염색된다.

4. 코스모스의 잎사귀도 함께 하면 좋다.

손쉽고 예쁜 자연염색

자연염색으로 자연물에도 예쁜 물감이 들어 있다는 것을 경험할 수 있습니다. 열매나 잎사귀를 물에 넣고 끓여 만든 염액으로 하는 염색이 아닌 아이들과 자연물로 쉽게 할 수 있는 염색 방법을 소개드립니다.

1. 두드려서 물들이기
아이들은 두드리는 것을 좋아합니다. 흰 순면 원단 반쪽에 꽃잎이나 나뭇잎을 올려놓고 남은 반쪽으로 덮은 후 숟가락이나 작은 나무망치로 골고루 두드려 줍니다. 재료는 봄철 홍단풍 나뭇잎, 쑥잎, 아카시 잎과 민들레꽃, 영산홍, 제비꽃, 진달래, 코스모스 꽃잎이 좋습니다.

2. 열매나 잎사귀로 색칠하기
잘 익은 버찌나 체리, 미국자리공은 특별한 처리 없이 준비한 천이나 도톰한 종이에 열매로 직접 그려도 되고 즙을 내서 붓으로 찍어 그려도 됩니다. 여름철 풀 잎사귀를 꼬깃꼬깃 구겨서 칠하면 초록색 물감이 나옵니다.

2020. 9. 30.

　명절 연휴 첫날은 모처럼 늦잠으로 느긋하게 시작합니다. 먼저 가까이 사시는 친정 어르신 찾아 뵙고 손녀들과 숲으로 갑니다.

　손녀들은 꾀가 생겨서 그런지 걷는 게 힘들다고 합니다. 오늘은 바라산 임도까지 올라가기는 어렵겠다 싶었어요. 시작은 그리해도 숲에 가면 잘 노는데 말입니다.

　처음 만든 것은 자동차라는데 야자매트 위에서 해서 잘 보이지 않습니다. 각두와 나뭇가지로 화살표도 만들고 각두와 떨어진 솔가지를 주워 공작새와 잠자리도 만듭니다. 작은 돌멩이로 빵 두르고 나뭇가지를 가운데 눕히고 도토리를 주워서 넣더니 캠프 갔을 때 해본 것이라고 가르쳐주네요. 숲에서 자연물을 주워서 사부작사부작 만들며 노는 모습이 보기 좋습니다.

　간식으로 귤을 먹고 껍질을 버리지 않고 조각내서 각두 안에 넣고는 멋지다고 합니다. 귤 먹을 때 작은손녀의 말. 같이 간 이모할머니에게 자기 귤 반쪽을 건네고 "네 귤은 참 달다!"는 반응이 돌아오자 '제 손이 좀 달아요'라고 말하는데 그만 빵~ 터졌습니다.

　나무 수피 사이에서 작은손녀가 매미 허물을 하나 찾아 왔습니다. 집에 가져가고 싶다 해서 각두에 담아주었습니다. 각두에 들어가는 작은 매미 허물을 바라보면서 매미는 얼마나 작았을까라고 합니다.

꽃사과 얼굴

준비물: 꽃사과 1개, 이쑤시개, 작은 나뭇가지

I. 꽃사과 표면을 잘 살펴서 어떻게 얼굴을 꾸밀지 관찰한다.

2. 이쑤시개로 꽃사과 표면에 눈, 코, 입을 그려 얼굴을 표현한다.

3. 작은 나뭇가지를 짧게 잘라 코로 꽂아줘도 좋다.

꽃사과 꽃꽂이

준비물: 꽃사과 1개, 작은 나뭇가지, 들꽃

1. 꽃사과의 꼭지를 떼어내고 그 부분을 뾰족한 나뭇가지로 파준다.
2. 들꽃을 적당한 크기로 잘라서 그 구멍에 꽂아준다.

🍃 함께 읽어보아요

· **꽃. 사과** 김윤경 글 · 그림, 킨더랜드
· **사과 사과 사과 사과 사과 사과** 안자이 미즈마루 글 · 그림, 미디어창비
· **심술쟁이 사과** 휴 루이스-존스 글, 벤 샌더스 그림, 제제의숲
· **이게 정말 사과일까** 요시타케 신스케 글 · 그림, 주니어김영사

도토리 각두 소꿉놀이

준비물: 각두 여러 개, 작은 열매와 풀

1. 신갈나무나 갈참나무의 각두가 그릇으로 사용하기 좋다.

2. 가을열매와 풀, 꽃잎 등을 각두에 담아 밥상으로 꾸며본다

3. 잔가지로 젓가락을 만들어 옆에 놓아준다.

4. 쭉정이 밤껍질로 수저를 만들어 같이 놓아보자.

🌱 함께 읽어보아요

· **울긋불긋 가을 밥상을 차려요** 김영혜 글 · 그림, 시공주니어
· **휴, 다행이다!** 기슬렌 로망 글, 톰 샤프 그림, 푸른숲주니어

도토리

도토리는 참나무속에 속하는 나무열매를 말한다. 예로부터 구황식물로 이용되었는데 주로 묵으로 만들어 먹는다. 열매는 구형 혹은 원주형의 견과로 아래 부분이 각두(깍정이)로 싸여 있다. 신갈나무와 갈참나무의 각두는 비늘 조각의 포로 덮여 있다. 상수리나무 · 굴참나무 · 떡갈나무의 각두는 뒤로 젖혀진 줄 모양의 포(苞)로 덮여 있다.

도토리 각두 인형

준비물: 각두, 네임펜이나 볼펜

1. 손가락에 딱 맞는 크기의 각두를 찾는다. 크기가 작은 졸참나무 각두가 좋다.
2. 손톱의 반대편 손가락 첫째 마디에 펜으로 얼굴을 그려준다.
3. 그 손끝에 각두를 모자처럼 씌워준다.

도토리 각두 목걸이

준비물: 각두 1개, 지점토, 꽃잎이나 잎갈나무열매, 목걸이끈

1. 각두 옆면에 송곳으로 구멍을 뚫고 그 구멍에 반으로 접은 끈을 꿰고 매듭은 안쪽
   에 둔다.
2. 각두 안을 점토로 채운다.
3. 꽃잎이나 잎갈나무열매를 지점토 위에 놓고 꾹 눌러준 후 말린다.

> 👆 함께 읽어보아요
>
> · **도토리 마을의 모자가게** 나카야 미와 글 · 그림, 웅진주니어
> · **도토리 모자** 임시은 글 · 그림, 북극곰

도토리 각두 탑 쌓기 ～⌒～

준비물: 각두 많이

1. 각두를 쓰러지지 않게 높이 쌓아본다.
2. 각두로 아치 모양을 만들어본다.(두 줄로 쌓으면서 가운데 쪽으로 기울여 쌓으면 아치 모양이 된다.)
3. 각두로 자기 이름을 구성해본다.

> 🖐 함께 읽어보아요
>
> · **꼬마 다람쥐 얼** 돈 프리먼 글 · 그림, 논장
> · **도토리는 왜** 고야 스스무 글, 가타야마 켄 그림, 책과콩나무

도토리 각두 팽이 ～⌒～

준비물: 각두 1개, 이쑤시개 1개, 지점토, 싸인펜

1. 각두 바닥 가운데를 송곳으로 이쑤시개가 겨우 통과할 만한 구멍을 뚫어준다.
2. 지점토로 각두를 채운 다음 이쑤시개를 가운데 구멍에 꽂는다.
3. 꽂을 때 이쑤시개가 구멍을 지나 5mm 정도 밖으로 나오게 한다.
4. 말려서 이쑤시개가 움직이지 않게 되면 꼭지를 잡고 돌린다.

> 🖐 함께 읽어보아요
>
> · **떼굴떼굴 다 도토리** 개똥이 글, 정지윤 그림, 개똥이

도토리 각두 피리 ━━━━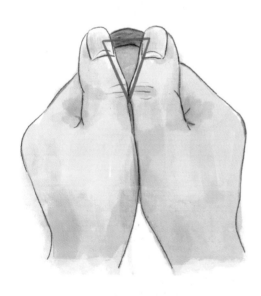

준비물: 깊이가 있는 큰 각두

1. 깊이가 있고 터지지 않은 각두가 소리도 잘 나고 소리가 크다

2. 양손의 엄지와 검지 사이에 도토리 각두를 잡고 각두 안쪽이 자신을 향하도록
   한다.

3. 엄지를 각두 위쪽으로 올리고, 엄지 측면이 서로 닿아야 한다.

4. 윗부분 사이에 삼각형이 생기도록 한다.

5. 엄지 마디 부분에 윗입술을 대고 바람을 분다. 이때 아랫입술로 바람이 빠져
   나가지 않도록 한다.

6. 소리가 나려면 연습이 필요하다.

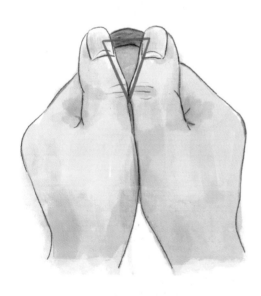

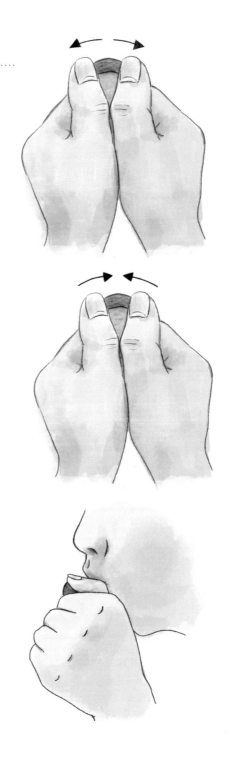

말밤 구슬치기 ⟶

준비물: 칠엽수 열매(말밤)

1. 칠엽수 열매(말밤)는 전래놀이인 구슬치기의 구슬로 사용하면 좋다.
2. 분필로 그린 삼각형 안에 여러 개의 말밤을 넣는다.
3. 좀 떨어진 곳에 있는 출발선을 긋고 거기서 말밤을 삼각형을 향해 던지거나 굴려서 삼각형 안의 말밤을 밖으로 내보낸다.

말밤 꼬리별 ⟶

준비물: 칠엽수 열매, 색 습자지 혹은 리본테이프

1. 칠엽수 열매 머리 부분에 송곳으로 구멍을 낸다.
2. 색 습자지나 리본테이프를 몇 가닥 모아서 구멍에 끼우고 글루건이나 목공본드로 고정시켜 꼬리별을 완성한다.
3. 꼬리별을 던지면 색 습자지나 리본테이프가 달려 날아가는 모양이 예쁘다.

칠엽수 열매(말밤)

칠엽수는 가로수나 공원의 정원수로 심겨지며, 이 나무와 모양이 비슷한 서양칠엽수는 열매의 겉에 가시가 있다. 프랑스에서는 마로니에라고 부른다. 잎은 작은 잎 5~7장이 손바닥 모양으로 생겼다. 6월경 분홍색 점이 있는 흰꽃이 핀다. 열매는 추석 즈음에 익고 밤처럼 생겼으나 탄닌을 제거해야 식용이 가능하다.

말밤 얼굴 ———

준비물: 칠엽수 열매, 화이트 마카펜

1. 칠엽수 열매를 잘 살펴보면 사람의 얼굴 모습이 보인다.

2. 화이트 마카펜으로 말밤의 생김새를 살펴서 얼굴을 그려준다.

3. 가족의 얼굴을 하나씩 그려서 우리 가족을 완성해도 좋다

말밤 껍질 무당벌레

준비물: 말밤 껍질 2쪽, 나무편1, 은행 1알

1. 2개의 말밤 껍질 바깥쪽을 빨강 아크릴 물감으로 칠해준다.

2. 물감이나 매직으로 검정 점을 그려준다.

3. 은행알에 눈, 코, 입을 그려준다.

4. 나무편에 목공본드로 붙여주고 머리와 다리는 그려준다.

🌿 **함께 읽어보아요**

· **알록달록 무당벌레야**   이태수 글 · 그림, 비룡소

말밤 껍질 돛단배

준비물: 말밤 껍질, 이쑤시개, 삼각형의 작은 헝겊

1. 이쑤시개에 삼각형의 작은 헝겊을 오공본드로 붙여 돛을 만든다.

2. 말밤 껍질 안쪽 가운데에 돛을 단 이쑤시개를 꽂는다.

3. 물 위에 띄우고 논다.

미국자리공 열매로 그리기

> **준비물:** 미국자리공 열매, 도화지, 붓

I. 잘 익은 미국자리공 열매를 모아 손가락이나 붓으로 찍어 그린다.

2. 얼굴에 그리거나 손톱에 칠해도 좋다.

> 🍃 **함께 읽어보아요**
>
> · **숲 속의 요술물감** 하야시 아키코 글 · 그림, 한림출판사

미국자리공 열매로 염색하기

> **준비물:** 미국자리공 열매, 화선지 혹은 흰 손수건

I. 잘 익은 미국자리공 열매를 터뜨려 염액을 만든다.

2. 화선지나 흰 손수건을 여러 번 접고 모서리 부분을 염액에 담근다.

3. 접은 것을 펴서 염색된 모양을 살펴본다.

**미국
자리공**
🍃

미국자리공은 북아메리카 원산의 귀화식물이다. 산기슭, 공원 숲 가장자리 등에서 많이 볼 수 있다. 9~10월경 흑자색의 열매가 포도송이처럼 아래로 처져서 열리며, 붉은색 염료재로 쓰인다. 열매는 먹을 수 없으며 뿌리는 약재로도 쓰인다.

밤 쪽정이 수저 ━━━ᐧ

준비물: 밤 쪽정이, 작은 나뭇가지

1. 밤나무 아래에서 속이 차지 않은 납작한 쪽정이를 주워 온다.
2. 쪽정이 끝의 뾰족한 부분을 조금 잘라 구멍을 낸다.
3. 구멍에 작은 나뭇가지를 끼워주면 수저가 된다.
4. 움푹한 밤 쪽정이에 끼우면 국자가 된다.

밤 피리 ━━━━━

준비물: 찐 밤, 귀이개

1. 찐 밤의 뾰족한 부분을 가위로 조금 잘라 구멍을 만든다.
2. 구멍에 귀이개를 넣어 밤 속살을 깨끗하게 판다.
3. 속살이 다 나오면 구멍에 입을 대고 불면 피리 소리가 난다.

| 밤 | 밤나무는 암수 한그루이다. 6월경 수꽃은 긴 꼬리 모양으로 피고, 암꽃은 수꽃의 아래 부분에 2~3송이가 핀다. 열매는 9~10월에 익고 열매 껍질에는 날카로운 가시가 있다. 갈색으로 익는 속열매는 영양분이 많아 발육과 성장에 좋다. |

산딸나무열매 막대사탕

준비물: 산딸나무열매, 긴 산적꽂이

1. 빨갛게 익어 떨어진 산딸나무열매를 모은다.
2. 열매의 꼭지를 자르고 산적꽂이에 꿴다.

산딸나무열매 하트

1. 빨갛게 익어 떨어진 산딸나무열매를 많이 모은다.
2. 빨강색 열매를 모아 하트 모양으로 꾸며본다.

> 🍃 함께 읽어보아요
>
> · **빨간 열매** 이지은 글 · 그림, 사계절

산딸나무
조경수로 많이 심는 산딸나무는 5~6월경 4장의 꽃잎을 가진 흰색 꽃을 피운다. 실제 꽃은 가운데 초록색 부분이고 흰색 잎은 꽃잎이 아닌 포옆으로 곤충을 유인하며 꽃받침의 역할을 한다. 열매는 9~10월에 빨갛게 익는데 식용이 가능하다. 특히 새들이 좋아한다.

잣방울 나뭇잎 새 & 고슴도치

준비물: 스트로브잣방울, 나뭇잎, 작은 나뭇가지

1. 스트로브잣방울을 보여주고 꼭지 부분에서 무엇이 연상되는지 묻는다.

2. 스트로브잣방울 사이사이에 나뭇잎을 끼우면 나뭇잎새 완성.

3. 스트로브잣방울 사이사이에 작은 나뭇가지를 끼우면 고슴도치!

🌱 함께 읽어보아요

· **고슴도치 스파이크** 진 윌리스 글, 피터 자비스 그림, 사파리
· **고슴도치 X** 노인경 글·그림, 문학동네

스트로브
잣나무

스트로브잣나무 잎은 바늘모양으로 5장씩 모여나며 6~14cm 길이로 회록색이다. 수피는 녹갈색으로 잣나무보다 미끈하고 늙으면 세로로 깊이 갈라진다. 열매는 길 원통형으로 구부러져 있다. 성장속도가 잣나무보다 빠르고 공해와 추위에 강해 도시 공원수로 적당하다.

2020. 10. 25.

오늘 오후에는 예쁜 단풍을 나누려 손녀들과 숲으로 갔어요. 요즘 관심이 줄어드는 것 같아 새로운 숲놀이가 필요했어요. 바라산 맑은 숲 공원 초입에 엄청 크고 굵은 굴참나무를 발견했어요. 다른 나무에 비해 유독 커서 터줏대감 같아 할아버지 나무라고 이름을 붙여주었어요. 얼마나 큰지 세 사람이 양팔을 벌리고 손을 잡아보게 했는데도 겨우 안아줄 수 있을 정도였어요. 한번 안아주었는데 금세 나무와 친해진 느낌이 든다고 하네요.

할아버지 나무를 안아본 느낌은 어때? 넘 굵어요. 뚱뚱해요. 폭신해요!

굴참나무의 울퉁불퉁한 수피로 놀아봤어요. 수피 사이 깊은 홈에 잔 나뭇가지를 끼워 넣기로 하고 일단 눈으로 어디에 잘 끼워질까 살핀 다음 야무지게 끼워 넣었어요. 두 번째는 구부러진 가지를 끼우고는 코끼리 코라고 하네요.

숲에 널린 도토리 각두는 다양하게 놀 수 있어 숲에 오면 많이 주워 놀지요. 겉면이 좀 매끄러운 각두는 신갈, 갈참, 졸참나무이고, 좀 거친 각두가 굴참나무와 상수리나무의 각두이지요. 굴참나무 각두를 이어 붙이더니 애벌레 닮았다고 하네요. 또 가을 숲에서 빼먹지 않는 가을 밥상 꾸미기도 했어요. 가을은 열매가 많아 밥상을 차려도 풍성하고 알록달록한 맛있는 밥상을 차릴 수 있어 좋아요.

숲에서 만나는 그루터기는 쉼터이자 얼굴 꾸미기와 케이크 만들기 놀이판이라 자주 가는 곳이라면 어디에 있나 알아놓으면 좋답니다. 오늘 밭

견한 작은 그루터기로는 무엇을 했을까요? 얼른 한 발로 올라서서 중심을 잡더니 발레에서 배운 포즈로 안정적인 마무리를 하네요.

4부

포근포근
겨울 숲놀이

나뭇잎 붓

준비물: 소나무 잎, 편백나무 잎, 꽃 철사, 나뭇가지, 먹물이나 물감

1. 소나무 같은 상록 침엽수 나뭇잎을 모아 꽃철사로 묶는다.
2. 먹물이나 물감을 찍어 그림을 그리거나 글자를 써본다.

수경 재배

준비물: 고구마, 미나리, 양파, 무, 당근, 유리 보울이나 유리 컵

1. 겨울이 되면 실내가 건조하여 감기에 걸리기 쉽다. 수경재배로 적당한 습도를 유지해보자.
2. 식물이 자라는 모습을 가까이에서 지속적으로 관찰해보자.
3. 식물의 뿌리 부분이 물에 닿게 하고 해가 잘 드는 곳에 놓는다.
4. 좀 자란 후 잘라서 요리재료로 사용해도 좋다.

2019. 12. 28.

딸네가 어제 이사하고 오늘은 정리를 한다며 손녀 둘을 부탁했어요. 일찍 데리고 나와 가보고 싶다는 '와 폭포'에 다녀왔어요.

잎이 다 떨어진 숲에서 귀를 쫑긋 세우고 다양한 새소리와 물소리를 들으며 천천히 걸었어요. 얼마 전 시에서 잘 정비해서 걷기 좋더라구요. 내려올 때 만난 시각장애인을 동반한 가족도 편안하게 오르내리니 모처럼 예산 제대로 잘 썼다 싶었어요.

다만 그 숲에 가면 도토리를 주워서 모아두는 구멍이 있던 커다란 참나무가 길 정비하면서 잘려 나간 것이 아쉽다고 했어요. 다람쥐나 청솔모를 위한 먹이 창고였거든요.

'와 폭포'에 가니 엊그제 내린 비로 제법 물도 많고 커다란 고드름도 주렁주렁! 고드름도 만져보고 싶다 했지만 위험해서 못해주었어요. 다음에는 완전 무장하고 와서 고드름을 오감으로 경험하게 하려고요.

모든 것이 귀했던 어린 시절, 처마 끝에 달린 고드름도 맛나게 먹었다는 얘기도 들려주었어요. 내려오면서 커다란 일본 목련잎으로 즉석에서 비행기 만들어 날려보고 가면도 만들어 써보았어요. 서리가 내려앉은 예쁜 토끼풀도 찾아보며 예쁘다고 감탄하더라고요.

손녀는 '오늘 참 좋았어요, 또 오고 싶어요'라고 하네요. 잠깐이지만 모처럼 숲에 와서 좋았나봐요. 와 폭포에 빙벽이 생기면 또 가보려고요. 나뭇잎 비행기를 손에 꼭 쥔 손녀의 작은 손을 따뜻하게 감싸며 집으로!

나뭇가지 메모 꽂이 ————

준비물: 나뭇가지 2개, 솔잎이나 솔방울, 갈색 빵끈 혹은 마끈

1. 20cm 정도 나뭇가지 2개의 양 끝을 함께 끈으로 묶는다.
2. 솔잎이나 솔방울로 꾸민다.
3. 엽서나 카드를 꽂아놓는 데 사용한다.

나뭇가지 별

준비물: 나뭇가지 5개, 꽃 철사 혹은 갈색 빵끈

1. 성탄 시즌에 나뭇가지 5개로 별을 만들어 장식을 해보자.
2. 나뭇가지 2개씩 한쪽 끝을 와이어로 꼭 묶어줍니다. 2세트!
3. 묶은 쪽과 반대쪽 끝을 벌리고 가운데 2가닥을 묶어 M자를 만든다.
4. 처음 묶은 나뭇가지를 비스듬히 눕혀 사진4처럼 만든다.
5. 남은 나뭇가지 1개를 사진5처럼 놓고 두 군데를 각각 꼭 묶는다.
6. 흔들리지 않도록 잘 묶였나 확인하고, 작은 열매를 곁들이면 예쁘다.

> 🌿 함께 읽어보아요
>
> · **별 별 초록별** 하야시 기린 글, 하세가와 요시후미 그림, 나는별

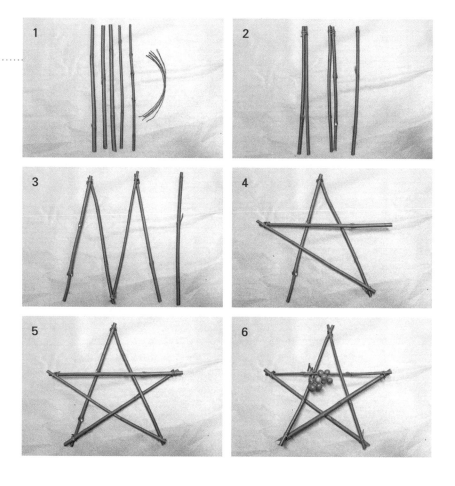

나뭇가지 미로 ━━

준비물: 나뭇가지

1. 나뭇가지 미로를 만들기 전에 종이에 미로를 그려보자.

2. 종이에 그린 미로를 땅에 따라서 그린다.

3. 나뭇가지를 많이 모아 땅에 그린 미로의 선에 나뭇가지를 놓아본다.

4. 입구와 출구를 표시하고 미로를 따라 걸어보며 난이도를 조절한다.

Y자 나뭇가지로 놀기

준비물: Y자 나뭇가지

1. 나뭇가지에서 Y자 형태의 나뭇가지를 5~10cm 크기로 잘라 모은다.

2. 크고 작은 Y자 나뭇가지로 다양하게 구성한다.

나무 구성 놀이 ⊢—

준비물: 나뭇가지, 나뭇잎, 열매

1. 숲에서 I자로 된 나뭇가지를 많이 모은다.
2. 두 팀으로 나누어 어느 팀이 나뭇가지를 길게 늘어놓나 게임을 한다.
3. 길게 늘어놓았던 나뭇가지로 큰 나무를 구성한다.
4. 나무편이나 솔방울, 나뭇잎으로 꾸민다.

나뭇잎 구성 놀이 ⊢—

준비물: 나뭇가지

1. 숲에서 나뭇가지를 많이 모은다.
2. 주변에서 나뭇잎을 주워 앞뒷면의 잎맥을 잘 관찰한다.
3. 관찰한 나뭇잎을 바탕으로 나뭇가지 나뭇잎을 만들어본다.

산가지 놀이 ━━━

준비물: 나뭇가지

1. 너무 크거나 거칠지 않은 25cm 안팎의 나뭇가지를 많이 준비한다.

2. 모두 모아 쥐었다가 땅바닥에 자연스럽게 내려놓는다.

3. 순서를 정해 차례대로 나뭇가지 하나씩 집어낸다.

4. 친구가 집을 때는 다른 나뭇가지를 건드리나 살펴본다.

5. 나뭇가지를 건드리면 내려놓고 다음 친구에게 순서를 넘긴다.

6. 나뭇가지가 다 없어지면 각자 모은 나뭇가지 수를 세어본다.

수피, 열매로 꾸미기

1. 오래된 소나무나 굴참나무의 수피는 세로로 깊게 갈라져 있다.

2. 겨울이 되면 마가목이나 산수유 밑에 열매가 많이 떨어져 있다.

3. 열매를 주워 수피 사이사이에 꽂으면 예쁘다.

수피에서 눈 모양 찾기

1. 자작나무나 일본 목련의 수피에서 '사람의 눈' 모양을 볼 수 있다.

2. 수피에서 눈 모양을 찾아보고, 어떤 감정의 눈인지 이야기해본다.

3. 수피에 있는 여러 가지 눈 모양으로 스토리텔링도 해보자.

🌿 함께 읽어보아요

· 나 진짜 궁금해 미카 아처 글 · 그림, 나무의말

수피에서 보물찾기

1. 오래된 굴참나무의 수피는 세로로 불규칙하게 깊게 갈라져 있다.

2. 그 수피 사이에 작은 나뭇가지를 보물처럼 끼운다.

3. 수피와 비슷한 색깔의 나뭇가지라야 찾기 어렵다.

4. 서로 상대팀 나무의 숨겨진 작은 나뭇가지를 찾는다.

5. 사계절 가능한 놀이지만 겨울이나 봄처럼 잎이 없을 때 찾기 좋다.

수피와 호랑이

1. 2022년 호랑이해를 맞아 수피에서 호랑이 모습을 찾아보았다.

2. A5 도화지에 호랑이를 그린다.

3. 호랑이의 얼굴과 꼬리를 제외한 몸체 부분을 커터로 오려준다.

4. 나무들이 많은 곳으로 가서 호랑이가 연상되는 수피를 찾아본다.

5. 호랑이 그림판을 수피에 대어보고 호랑이 무늬가 달라지는 것을 본다.

🍃 함께 읽어보아요

· **줄무늬 없는 호랑이** 제이미 윗브레드 글 · 그림, 불의여우
· **행복한 줄무늬 선물** 야스민 셰퍼 글 · 그림, 봄볕

2020.12.20.

오랜만에 손녀들과 바라산 숲에 다녀왔어요. 개울물이 얼어 작지만 얼음 폭포도 볼 수 있고 고드름도 만날 것 같아서요.

엊그제 내린 눈도 남아 있어서 옷을 단단히 입고 조심조심 무장하고 갔어요. '와 폭포'는 기대대로 꽁꽁 얼어 있었어요. 고드름을 먹고 싶다기에 손녀들의 응원을 받으며 가서 따다 주었어요. 할미는 어렸을 땐 "아이스크림 대신 고드름을 먹었단다"라고 이야기도 들려주었죠. 먹어보더니 자기는 별맛이 없다고 하네요.

대신 고드름으로 눈판에 그림을 그리더라고요. 연필이라면서. 계곡물이 얼면서 나타난 그림을 보더니 새가 있네, 코끼리도 있네, 잘도 찾아냅니다.

계곡 옆 바위를 보더니 삼각 김밥이라고 했다가 옆으로 가서 보더니 상어라고도 하구요. 이제 어떤 자연물이 어떤 것을 닮았는지 잘 찾아냅니다. 확실히 숲놀이를 하면서 관찰력이 좋아졌어요.

폭포 옆 데크에서는 올림픽에서 봤다면서 얼음 조각으로 컬링 놀이를 하더라고요. 겨울이라 숲에 놀 것이 없어 어쩌나 했는데 눈과 얼음이 도와주네요. 자연이 주는 놀잇감 선물은 늘 다양하고 풍성해서 감사하답니다.

드라이플라워 꽃꽂이 ━━┻

준비물: 개망초대, 마른 풀꽃이나 강아지풀

I. 겨울이 되면 풀꽃들이 마른 채 숲이나 공원에 남겨져 있다.

2. 개망초 줄기 속은 폭신해서 마른 꽃이나 강아지풀을 꽂을 수 있다.

3. 개망초 줄기에 마른 꽃과 강아지풀을 꽂아 멋진 작품을 만들어보자.

각두 구성 놀이 ━━━━━

준비물: 나뭇가지, 도토리 각두, 작은 열매

1. 겨울 숲에 가면 남겨진 각두들로 놀아보자.

2. 나뭇가지로 나무형상을 만들고 각두를 열매처럼 늘어놓는다.

3. 각두 안에 작은 열매나 껍질을 넣어 꾸며보자.

단풍나무 씨로 놀기

> **준비물:** 단풍나무 씨앗

1. 복자기 단풍나무 씨앗은 크기가 커서 날아가는 것을 관찰하기 좋다.

2. 원을 그려놓고 단풍나무 씨앗을 날려서 그 안에 들어가게 한다.

3. 출발선에서 단풍나무 씨를 누가 멀리 날리나 게임도 할 수 있다.

4. 가중나무 씨앗도 날려보고 나는 모습이 어떻게 다른지 관찰한다.

✋ **함께 읽어보아요**

· **단풍나무 씨앗은 콧등에 올려요**   구닐라 잉베스 글·그림, 자유로운상상
· **작은 씨앗이 자라면**   로라 놀스 글, 제니 웨버 그림, 미래그림책

**단풍나무
씨**

단풍나무는 정원수로 많이 활용되며, 가을에 빨강색이나 노란색으로 물든다. 이른 봄, 잎이 먼저 나오고 꽃은 4~5월에 핀다. 열매는 9~10월에 익는다. 날개가 달린 두 개의 열매가 V자 모양으로 붙어 있다.

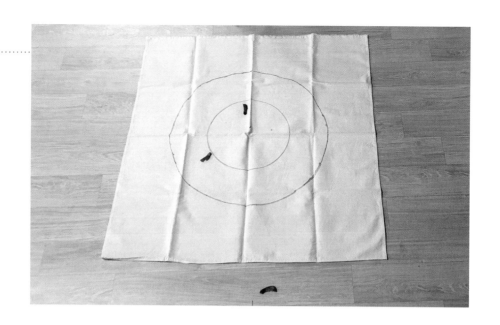

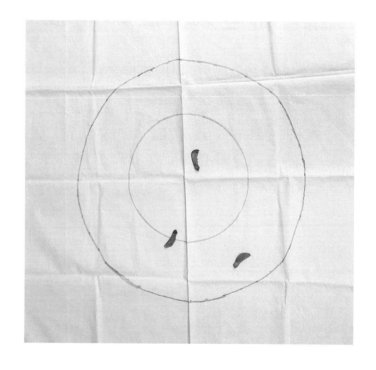

솔방울 새 먹이통 ----

준비물: 솔방울, 강냉이, 지끈

1. 겨울이 되면 먹이를 구하기 힘든 새들을 위해 먹이를 준비해보자.

2. 크고 똘똘한 솔방울 인편 사이에 강냉이를 잘 끼워준다.

3. 지끈으로 묶은 후 나뭇가지에 달아준다.

> 🍃 **함께 읽어보아요**
>
> · **겨울 숲 친구들을 만나요** 이은선 글 · 그림, 시공주니어

솔방울 루돌프 ----

준비물: 솔방울, 산수유 열매, 잎갈나무 잎이나 잔 나뭇가지

1. 성탄절에 어울리는 루돌프를 솔방울로 만들어보자.

2. 크고 똘똘한 솔방울 뾰족한 쪽에 빨간 산수유 열매를 꽂아준다.

3. 잎갈나무의 나뭇잎이나 잔 나뭇가지를 솔방울 제일 아래 인편 사이에 끼워준다.

걷다 보면

1. 겨울철이나 이른 봄, 풀이나 잎이 나기 전, 길을 걷다보면 바닥이나 석축에 어떤 모양이 눈에 잘 들어온다.

2. 동물이나 사람, 사물 모습과 비슷한 것을 찾아낼 수 있다.

3. 자연물로 조금 덧붙이면 더 분명하게 다가온다.

> 🌱 함께 읽어보아요
>
> · **걷다 보면**   이윤희 글 · 그림, 글로연

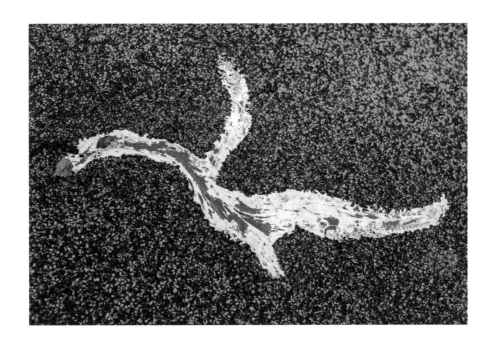

눈 그림판 ━━━━ᐧ

1. 눈이 내린 날, 보도블럭 같은 판판한 바닥에 손가락이나 나뭇가지로 그림을 그려보자.

2. 그림을 가져올 수 없어 좀 아쉽지만 색다른 드로잉 활동이 된다.

눈 성 막대 쓰러뜨리기 ━━━━

1. 모래산을 쌓고 가운데 막대기를 세우고 순서대로 모래를 긁어가면서 가운데 세운 막대기를 넘어뜨리면 지는 게임과 똑같다.

2. 모래 대신 눈으로 산을 쌓고, 가운데 나뭇가지를 꽂고 시작한다.

눈 애벌레

1. 눈뭉치를 여러 개 만든다.

2. 눈뭉치를 나뭇가지 위에 나란히 붙여서 애벌레 모양을 만든다.

3. 자연물과 작은 나뭇가지로 애벌레를 꾸민다.

눈 조각

1. 함박눈이 왔을 때 눈을 뭉쳐서 나무나 벽에 붙여서 모양을 만든다.

2. 눈이 떨어지지 않도록 단단히 붙인다.

눈 케이크 만들기

준비물: 딸기 대야, 나뭇가지, 열매들, 식용색소, 분무기

1. 눈이 많이 왔을 때, 딸기 대야나 케이크틀에 눈을 꾹꾹 눌러 채운다.

2. 판판한 바닥에 뒤집는다.

3. 나뭇가지를 눈 케이크에 초 대신 꽂고, 크고 작은 열매로 장식한다.

4. 분무기 안에 색깔물을 넣은 후 눈 케이크에 뿌려 장식해도 좋다.

> 🌱 **함께 읽어봐요**
>
> · **모두를 위한 케이크** 다비드 칼리 글, 마리아 덱 그림, 미디어창비

얼음 공룡 화석

준비물: 작은 공룡 피규어, 12인치 풍선

1. 기온이 영하 10도 이하의 날씨일 때 할 수 있다.

2. 1명이 12인치 풍선의 입구를 가능한 크게 벌리고, 다른 1명이 그 안에 공룡 인형을 잘 집어넣는다.

3. 풍선 목 부분까지 물을 넣는다.

4. 강추위에 실외에서 밤새 매달아놓으면 둥근 얼음화석이 된다.

5. 꽁꽁 언 것을 확인하고 풍선 입구를 자르고 얼음화석을 꺼낸다.

6. 공룡 얼음화석을 망치로 깨거나 녹여서 공룡을 꺼낸다.

얼음 리스 만들기 ━━━━━ ·······································

준비물: 원통 모양의 큰 그릇과 작은 그릇, 꽃잎과 열매 등 자연물

1. 원통 모양 큰 그릇 가운데에 작은 원통 모양 그릇을 놓는다.

2. 큰 원통 그릇과 작은 그릇 사이에 자연물을 넣고 물을 채운다.

3. 영하 10도 이하인 실외에서 하룻밤 동안 얼린다.

4. 이튿날 얼었나 확인하고 먼저 작은 원통 그릇을 빼고 큰 원통 그릇을 뒤집어
   빼면 도넛 모양의 얼음 리스 완성!

얼음 조각 컬링 ━━━━━━━ ·······································

준비물: 납작한 얼음덩이

1. 데크나 판판하고 딱딱한 바닥에 얼음덩이를 놓고 컬링 놀이를 한다

2. 좀 떨어진 곳에 네모를 그리고 얼음덩이를 쳐서 네모 안에 밀어 넣는 게임.

2021. 1. 17.

모처럼 시간을 맞춰서 두 손녀와 긴 시간 함께
했습니다. 언제 오냐는 재촉 전화를 받고 서둘러
데리러 가서 잠시 『뷰티풀』이란 그림책을 읽어주
었습니다.

첫 번째 코스는 백운호수 둘레길 걷기인데 꽁
꽁 언 호수와 그 주변에서 아름다운 것을 5개 이상
찾는 미션을 주었어요. 바로 그림책 『뷰티풀』을 읽
은 이유가 여기에 있죠.

호수가 얼었다 녹았다를 반복하면서 다양한 모습을 만나볼 수 있었어
요. 얼음 속에 나무가 있어요. 하늘을 나는 연의 꼬리 같아요. 계속 얼음 꽃
이 핀 것 같아요. 나무뿌리 같아요. 오리발자국도 찍혀 있어요. 종알종알!
절개지에서 폈다가 하얗게 마른 채 남아 있는 꽃을 보더니 비눗방울이 펑
터지는 것 같다고 이야기합니다. 확실히 그림책을 읽어준 보람이 있네요.

자연에서 아름다운 것 찾기 미션을 주니 자매들이 더 열심을 내더라고
요. 장소를 이동하면서 만난 맑고 파란 하늘과 마른 풀의 조합도 손녀가 뽑
은 아름다운 것 중 하나랍니다. 그런데 얼음이 꽁꽁 얼면 물고기는 어떻게
숨을 쉴 수 있나요? 질문도 끊이지 않았어요. 지난 번 숲에서 만난 고드름
생각이 난다기에 '와 폭포'에도 갔어요. 할아버지가 어렵게 따다 주신 고드
름으로는 피리 연주를 흉내 내더라고요. 그림책과 자연놀이의 환상적인 조
합이 돋보인 하루였습니다.

에필로그

아이들과 숲놀이 10년

제가 운영하고 있는 '책과 나들이로 크는' 꿈나무유치원은 1986년 3월 문을 열었습니다. 한자리에서 오래 하다 보니, 저희 유치원을 졸업한 제자들이 학부모가 되어 자신의 아이들을 데리고 와서 대를 이어 교육을 담당하는 보람도 있습니다. 10년 전 유치원 주변에 고층 아파트가 들어서면서 근처에 제법 큰 공원이 생겼습니다. 유치원 놀이터가 작았던 터라 아이들이 마음 놓고 뛰어놀 공간이 가까이 있어 참 좋았습니다.

공원의 나무들이 자리 잡힐 때까지는 가까운 '비밀의 숲'에서 숲놀이를 했습니다. 외곽순환도로가 생기기 전에는 모락산의 한 부분이었는데 고속도로가 생기면서 남겨진 곳입니다. 사람들도 거의 찾지 않는 자연 그대로의 모습을 하고 있어 숲놀이 가기 전에는 혹시 아이들이 다칠 만한 곳이 있나 꼭 살펴봐야 했습니다. 태풍에 얼기설기 쓰러진 나무들, 오래 묵어 굵어진 타잔놀이용 칡덩굴도 꼭 확인하고 놀게 했습니다. 봄이면 진달래 카나페와 향기로운 생강나무 꽃차를 먹고, 초여름엔 잘 익은 산딸기

를 따면서 아이들은 큰 즐거움을 맛보았습니다. 가을이면 멀리서도 비밀의 숲을 알리는 황금색 튤립나무의 손짓에 기쁘게 달려갔습니다. 그 숲에서 몇 년 잘 놀았지만 지금은 재개발 공사로 멀리서 바라만 볼 수 있습니다. 공사가 끝나면 저희 꼬마 친구들과 다시 그 숲에 가서 놀 수 있기를 기대해봅니다.

소중한 보물섬에서 아이들이 찾은 것들

비밀의 숲을 가지 못하게 되자 버스를 타고 가까운 숲에서 숲놀이를 해야 했습니다. 아쉬움을 달래줄 공간은 가까운 공원이었습니다. 세월이 흐르니 나무들이 우거져 쉴 그늘을 주고 놀 거리도 풍성하게 주니 저희끼리는 '보물섬'으로 부르고 있답니다. 그 공원을 왜 보물섬이라고 하는지 적어봅니다.

3월 중순이 지나면 유치원 아이들은 자연활동지(Nature Scavenger Hunt)를 들고 보물섬 탐색을 시작합니다. 숲이라 불릴 정도로 나무가 많이 자란 공원 산책을 하면서 나무와 풀, 새들을 찾아봅니다. 낙엽을 들추고 올라오는 새싹을 만나고, 일찍 꽃을 피우는 로제트 식물로 봄을 느낍니다. 목련의 겨울눈을 관찰하고 나무 밑에서 겨울눈 껍질을 주워 손가락 끝에 끼우고 '호랑이 손' 놀이도 해봅니다. 겨울눈 껍질로 연상되는 것을 그려보는 미술활동의 재료로도 씁니다. 봄이 되어 정원사가 목련을 다듬으면서 나온 겨울눈 가지로 목필화를 그리기도 합니다.

4월이 되면 연령별로 나무를 정해서 1년간 친하게 지낼 나무와 첫인사를 나눕니다. 5세는 회양목, 6세는 벚나무, 7세는 칠엽수가 지정 나무입니다. 공원에 많은 나무 중 이 나무들이 뽑힌 이유는 관찰하고 놀 것을 주기 때문입니다. 아이들은 공원에 올 때마다 자기반 나무를 관찰하고 무엇이 달라졌는지 찾아봅니다.

　회양목은 공원의 나무들 중 키는 작지만 일찍 꽃을 피웁니다. 은은한 향기를 풍겨 벌을 모으는 부지런한 꽃입니다. 루페로 관찰하면서 아이들은 꽃이 예쁘다며 '우와!' 하고 감탄합니다. 여름에 맺힌 씨에서 부엉이를 찾을 수 있습니다. 회양목에서 부엉이를 한 마리 두 마리 모으는 재미가 쏠쏠합니다.

　벚나무를 관찰하는 6세 친구들은 4월 중순, 떨어진 벚꽃잎으로 타투 놀이도 하고 별을 닮은 벚꽃 꽃받침을 잡고 별자리도 만들며 놉니다. 5월경 익지 않고 떨어진 버찌로는 악보도 꾸며보고, 버찌가 익으면 물감놀이도 합니다. 가을이 되면 곱게 물드는 벚나무 잎은 또 얼마나 쓰임새가 많은지요. 왕관, 목걸이, 색상환을 만들며 놉니다.

　7세 친구들이 관찰하는 칠엽수는 비교적 큰 나무입니다. 봄에는 왁스를 바른 듯 반짝이는 겨울눈을, 5월 초순에는 아이스크림 콘 모양을 거꾸로 한 듯한 꽃송이를 주의 깊게 관찰하며 가을의 열매가 어떻게 달릴지

상상해봅니다.

라일락, 박태기 나뭇잎은 하트 모양을 닮아 아이들이 좋아합니다. 공원에서 만나는 나뭇잎, 풀잎에서 하트 모양을 찾을 때 꼭 찾아옵니다. 5월 초 산철쭉꽃과 같은 시기에 피는 민들레꽃으로 아이들이 좋아하는 합체를 해서 새로운 꽃을 만듭니다. 5월 중순에 피는 때죽나무꽃은 모아서 목걸이, 화관, 팔찌를 만듭니다. 자작나무 수피에서 다양한 사람 눈 모양 찾기 놀이를 합니다. 제비꽃으로 반지를 만들고, 민들레꽃 줄기로 피리를 만들어 붑니다. 감나무는 봄부터 가을까지 꽃, 땡감, 감꼭지, 감잎 등 많은 놀잇감을 줍니다. 6월 초 매실과 살구는 간단한 미술활동과 게임에 씁니다. 공원에는 새들이 좋아하는 대나무 숲이 있습니다. 대나무 종류 중 하나인 '이대'가 심겨져 있는데 쑥쑥 잘 자라는 죽순으로 수묵화도 그립니다. 간혹 여름 태풍에 꺾어진 줄기에서 잎을 따다가 나뭇잎 배나 달팽이를 만듭니다.

가까운 숲 주는 놀잇감에서 자연이과 함께

설치 후 한 번도 가동하지 않은 공원 한복판 바닥분수놀이터에는 7, 8월 장마 때에 간간이 물웅덩이가 만들어집니다. 아쉬운 대로 신발을 벗고 들어가 첨벙첨벙 놀 수 있고, 나뭇잎배도 띄워보고, 나뭇잎 낚시도 합니다. 물웅덩이 가장자리에 떨어진 나뭇잎을 나란히 붙이면 물웅덩이 거

울이 되어 거울놀이도 합니다. 분수의 물이 나오는 둥근 패널은 자연물로 꾸미기 놀이판이 되어줍니다. 물이 얼마나 소중한지 비가 온 다음 날 투명한 컵을 하나씩 들고 공원에 나갑니다. 나뭇잎에 맺힌 물방울을 모아보는 물방울 저금통 놀이도 합니다. 9월에는 칠엽수 열매인 말밤을 주워 구슬치기를 합니다. 독이 있으니 먹지 말라는 섬짓한 경고문을 붙이고 만지는 것조차 위험스레 보는 경우도 있습니다. 하지만 먹는 것만 주의하면 마지막 잎자루까지 갖고 놀이를 하라며 아낌없이 주는 칠엽수입니다.

10월, 11월에는 시간만 되면 자주 공원 숲에 나가 고운 낙엽과 열매, 나뭇가지로 즐겁게 놉니다. 얼마나 예쁘고 신나는 놀이를 많이 할 수 있는지 짧은 가을이 아쉽습니다. 봄부터 숲놀이를 자주한 일곱 살 친구들은 모락산 긴 둘레길도 거뜬하게 해냅니다.

12월이 되면 마가목과 산수유가 떨군 빨간 열매를 굵은 소나무 수피 사이에 꽂는 색다른 놀이도 합니다. 갈색 목련잎으로 망원경도 만들고, 솔방울에 강냉이를 끼워 새들을 위해 먹이를 마련해줍니다. 아이들은 겨울이 되면 흰눈이 오는 날을 손꼽아 기다립니다. 약간 경사진 곳에서 눈썰매도 타고 눈으로 케이크도 만들고 눈 성을 쌓는 등, 추운 줄 모르고 여러 가지 겨울 놀이를 즐길 수 있기 때문이죠.

공원의 외곽은 흙길이라 아이들과 일부러 찾아가 걷습니다. 발바닥에서 느껴지는 흙을 경험하기 위함입니다. 급경사가 있는 곳에는 밧줄을

설치해서 잡고 올라가고 내려오는 놀이를 합니다. 이 공원 숲에서 10년 넘게 놀았으니 구석구석 다 안다고 했는데도 해마다 한두 개씩 새로운 놀이를 찾아내곤 합니다.

공원 바로 옆 아파트 정원에는 350살 넘은 느티나무가 있습니다. 아이들에게는 이 동네 제일 어르신 할아버지 나무에게 인사드리러 가자며 찾아갑니다. 그 나무는 오래된 나무의 특징인 두툼한 수피를 떨구어주며 놀라고 합니다.

동네의 많은 나무 중 특색 있는 나무를 돌아보는 '나무투어'도 동네 자연환경과 친해지고 동네를 파악하는 좋은 활동입니다. 단풍나무 숲은 봄비가 내린 다음 날, 물관으로 올라가는 물소리를 들을 수 있는 최적의 장소입니다. 아파트 이끼정원에 있는 징검다리는 자연물로 얼굴 꾸미기나 케이크 꾸미기 놀이판으로 잘 씁니다. 물론 놀고 난 다음에는 깔끔하게 치우고 옵니다.

이외에도 꽃이든 열매든 아낌없이 주는 나무들이 많아 보물섬으로 부르기 손색이 없습니다. 아마 이 책의 독자들도 주변에 이런 보물섬이 숨어 있을 텐데 아직 발견하지 못한 것이 아닐까요. 먼 곳에 있는 숲보다는 아이와 자주 찾을 수 있어 익숙한 가까운 공원 숲을 찾아가, 자연이 주는 놀잇감으로 함께 놀아보시길 권해드립니다.

숲마실을 통해 자연과 선물 같은 하루를 보내세요

같은 동네에 사는 손녀들과의 숲놀이는 둘째손녀가 26개월이 되던 2018년 늦여름부터 시작하였습니다. 퇴근 후 딸네 가면 두 손녀는 숲에 갈 준비를 하고 기다렸습니다. 가까운 숲이나 공원에서 손녀들은 한 번 경험한 것에 아이디어를 더해 놀아 늘 설레게 하였습니다. 작년 여름, 숲에 있는 많은 나뭇가지에서 손가락만한 나뭇가지를 주워 내밀면서 '오리네요'라고 해서 보니 정말 오리처럼 생겨 깜짝 놀랐답니다. 여름에 큰손녀가 숲에서 옥수수 간식을 먹다 빠진 유치는 나뭇잎으로 만든 주머니에 고이 담아 보내기도 했답니다. 이렇게 자연이 주는 힐링과 즐거움은 다른 어떤 활동보다 기억에 오래 남습니다. 호기심의 대상과 놀잇감이 되어주는 자연에서 스스로 즐겨 노는 손녀들과 함께한 날은 늘 선물 받은 하루였습니다.

두 손녀와 나눈 4년간의 숲놀이와 꿈나무유치원 친구들과 10년간 해온 숲놀이 중 준비가 간단하고 즐거운 것들을 모아보았습니다. 계절에 따라 만나는 나뭇잎, 나뭇가지, 꽃과 열매 등 자연물에 따라 편집하였기에 찾아서 놀이하기 쉬우실 것입니다. 또 그 활동 전후에 함께 이야기 나누면 좋을 그림책이 있을 경우 소개하니 활용해주시면 좋겠습니다.

더 많은 부모님들이, 육아를 돕는 조부모님들이, 교육 현장의 교사들이 아이들과 가볍게 숲마실을 가서 자연과 친해지는 데 많은 도움이 되기를 바랍니다.

부록

부록 1 ㅣ 안전하게 숲놀이를 하려면

부록 2 ㅣ 자연에 뿌리를 둔 숲놀이

부록 3 ㅣ 숲놀이 Q & A

부록 4 ㅣ 자연활동지

부록 5 ㅣ 아이와 함께 가볼 만한 숲놀이 추천 장소

부록 6 ㅣ 보물섬 공원의 생태지도

부록 7 ㅣ '할미의 숲마실'이 권하는 11살이 되기 전에 해보면
　　　좋을 숲놀이 40선

·부록1·
안전하게 숲놀이를 하려면

1 · 숲에서 발견한 열매나 버섯을 함부로 먹지 않습니다.

2 · 보호자(부모님, 선생님)의 목소리가 들리는 범위에서 멀리 떨어지지 않도록 합니다.

3 · 벌의 공격을 받았을 때는 일단 몸을 낮추고 벌이 날아가도록 기다립니다. 벌을 쫓으려고 큰 동작을 보이면 공격을 더 받을 수 있습니다. 말벌의 공격을 받았을 때는 119의 도움을 구합니다.

4 · 숲에서 먹으며 생긴 쓰레기는 과일 껍질이라도 반드시 되가져오며, 숲놀이를 하고 난 자리는 깨끗하게 정리하고 옵니다.

5 · 숲놀이 옷차림은 활동성과 체온 유지를 위한 기능이 있어야 합니다. 여름철에도 모기나 풀 때문에 얇은 긴팔 상의와 긴 바지가 좋습니다. 또 날씨에 따라 덧입을 점퍼도 준비하는 것이 좋습니다. 신발은 운동화나 등산화를 신는 것이 좋고, 여름에는 뜨거운 해를 가릴 모자를 쓰는 것이 좋습니다.

6 · 숲놀이 먹거리에서 물은 체온 유지나 원활한 활동을 위해 간식보다 더 중요합니다. 여름에는 음료수나 냉수보다 상온의 생수가 좋고, 겨울철에는 따뜻한 생수가 좋습니다. 오이나 과일, 견과류도 숲놀이 간식으로 좋습니다.

7 · 비상 약품: 일회용 밴드, 타박상 연고, 모기 기피제, 자외선 차단 크림

자연에 뿌리를 둔 숲놀이

천천히 걸으며
말은 적게 하고
귀는 크게 열고서

차분해지는 놀이

소리는 들리는데 보이지 않는 것 찾기
보이기는 하는데 들리지 않는 것 찾기

무지개 색깔 산책

한 친구가 색깔을 말하면 다른 친구들은 숲속을 걸어가며 자연에서 그 색
깔을 찾아내기. 그 색깔을 먼저 찾은 사람이 다음 색깔을 선택한다.

둥글게 둘러서서 느끼기

모두 둥글게 둘러서서 다른 친구가 말한 것 외에 자기가 보고 듣고 냄새
맡고 느낀 것들을 이야기한다.

자연의 향기

숲에서 자기만 맡을 수 있는 독특한 향기를 찾아본다("나는 이런 향기를 맡았어요").

거북이 달리기

가장 늦게 들어온 친구가 일등!

창의성을 깨우는 놀이

호기심 게임

뭔가 독특하거나 좀 이상해 보이는 것을 찾으며 걷는다. 다 모여서 자기가 발견한 것들에 대해 친구들에게 이야기하며 경험을 공유한다.

스토리텔링

왠지 자기 마음이 끌리는 장소를 찾아내어 거기 혼자 한동안 앉는다. 그리고 그 장소에 어울리는 이야기를 만들어본다.

5개씩 줍기

두 명이 한 조가 되어 하는 게임. 각자 5분 동안 5개의 자연물을 주워온다. 둘이 주워온 자연물을 활용해 하나의 작품을 만든다. 모두 함께 모여 각 조에서 만든 작품을 감상하며 미술관 산책을 즐긴다.

나무나 물이 나에게 보내는 편지 쓰기

오래된 나무나 시냇가, 폭포, 호숫가 등 물가에 앉는다. 자신이 나무나 물이 되어 나에게 보내는 짧은 편지를 써보자.

명료화시켜주는 게임

· 자신을 표현해주는 자연물을 정하고, 왜 그것을 선택했는지 친구들에게 설명한다.
· 자연에서 영구적이지 않은 것을 찾아본다. 또한 상호 연결되어 있는 것은 어떤 것이 있는지 찾아본다.(예: 꽃과 나비, 개구리와 곤충, 애벌레와 새 등)

박하향기 명상
입에 박하사탕을 넣고 다 녹을 때까지 조용히 걸어간다. 다 녹으면 숲으로 박하향을 후~ 날려 보낸다.

숲놀이 Q & A

1. 숲놀이를 가면 무엇을 하고 노나요?

자연물을 재료로 그리기와 만들기를 하면서 그 자연물을 관찰해봅니다. 그루터기나 태풍에 넘어져 누워 있는 나무, 숲이나 공원의 나무를 이용해서 게임도 합니다. 개울가의 돌멩이나 바위로도 놀이를 할 수 있습니다.

2. 숲놀이의 재료는 어떤 것이 좋을까요?

미리 준비하기보다는 아이와 숲에서 쉽게 구할 수 있는 것으로 놀면 더 좋습니다. 나뭇잎, 나뭇가지, 꽃, 열매 등 식물류와 새 깃털, 물, 얼음, 돌멩이, 흙 등 모든 자연물이 숲놀이의 놀잇감이 됩니다. 혹시 위험 요소가 있을 경우에는 아이들에게 위험할 수 있다는 것을 미리 알려줘야 합니다.

3. 숲놀이에 대해 아무것도 모르는데 아이와 숲놀이가 가능할까요?

가능합니다. 꼭 숲이 목적지는 아니었으나 우연히 간 곳에 숲이 있고 아이가 놀고 싶어할 경우가 있습니다. 그럴 땐 자연 환경을 우선 둘러보고 바닥에 떨어져 있는 자연물을 중심으로 아이와 모으는 것부터 시작해보세요. 주워온 나뭇가지로 여러 가지 놀이가 가능합니다.

나뭇가지를 길게 늘어놓기를 합니다. 나뭇잎을 관찰한 후에 나뭇가지로 잎맥을 포함한 나뭇잎 모습으로 만들어봅니다. 또 나뭇가지로 나무 뼈대를 구성한 후 나뭇잎이나 열매를 늘어놓으면 나무 모습이 완성됩니다.

4. 아주 추운 날은 숲놀이를 어떻게 해야 할까요?

"숲에서 나쁜 날씨는 없습니다. 나쁜 복장만 있을 뿐"이란 말이 있습니다. 아주 추운 날이라면 꼭 그런 날 경험할 수 있는 놀이를 해보면 좋습니다. 물론 따뜻한 옷차림이어야겠죠. 2021년 1월 영하 10도에 이르는 날, 손녀들과 집 근처 호수에 가서 꽁꽁 언 얼음에 새겨진 아름다운 것 찾기를 했는데 추위도 잊을 만큼 열심히 했답니다.

5. 숲놀이는 위험하지 않나요?

숲은 살아 있는 놀이터입니다. 아이들은 숲에서 위험한 놀이에 호기심을 갖고 도전하고 싶어합니다. 도전을 통해 위험을 잘 조절하며 성장할 수 있습니다. 아이들은 숲에서 무엇을 조심하고 어떻게 놀아야 안전한지 스스로 배우는 것이 좋습니다. 그 가운데 성취감을 맛보고 몸과 마음이 즐거움을 얻을 수 있습니다. 어른들은 아이들이 안전하고 적절한 방법으로 모험하도록 도와줘야 합니다.

6. 비 오는 날은 어떻게 하나요?

비 오는 날은 평소에 보지 못했거나 경험하지 못한 것을 할 수 있는 좋은 기회입니다. 태풍처럼 비바람이 심해 안전을 위협 받을 때는 실내에서 활동하고, 그렇지 않을 때는 비옷, 장화, 우산 차림으로 나가보세요. 투명 비닐우산에 나뭇잎 붙이기, 지렁이나 달팽이 관찰, 물방울 저금통, 거미줄 관찰, 수로 만들기 등 비 오는 날만의 특별한 경험을 할 수 있습니다.

7. 아이들과 어디서 숲놀이를 하면 좋을까요?

숲놀이를 한다고 해서 꼭 산에 가서 놀아야 하는 것은 아닙니다. 아파트 정원이나 가까운 나무가 많은 공원도 좋습니다. 요즘은 사람들이 많이 거주하는 곳에도 찾아갈 만한 작은 숲이 많습니다. 또 유아숲체험장이나 생태공원에서도 숲놀이를 할 수 있습니다. 다만 지자체에서 세운 대부분의 유아숲체험장은 평소 오후 4시 정도까지는 교육기관 단체 숲놀이 프로그램을 운영하고 있어 개인은 그 이후 시간이나 주말을 이용해야 합니다. 생태공원도 사전 예약으로 이용하는 경우도 있으니 미리 알아보는 것이 좋습니다.

자연활동지
자연 탐정 놀이

숲마실을 갈 때 복사한 활동지를 가져가 제시된 자연물을 찾은 다음 표시합니다.

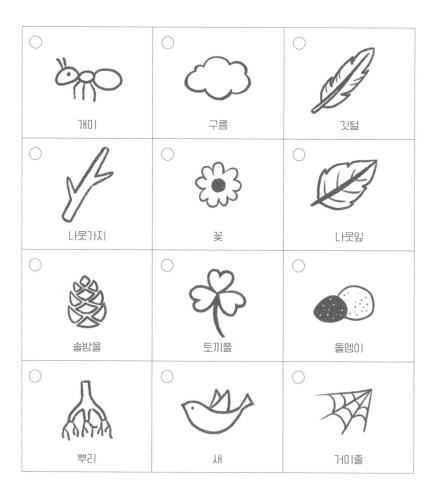

자연과 친구되기

캠핑이나 숲마실을 갈 때 준비해 간 활동지에 제시된 놀이를 마친 후 표시합니다.

아이와 함께 가볼 만한
숲놀이 추천 장소

· 유아숲체험원은 유아교육기관의 실내 교육에서 잠시 벗어나, 날씨에 상관없이 숲으로 나가 자연물을 놀잇감 삼고, 자연 속에서 오감으로 체험할 수 있습니다. 이용 대상은 주로 연간 사전 신청한 유아교육기관의 유아들입니다. 일반 유아들은 평일 오후 4시 이후나 또는 주말이나 공휴일에 가까운 유아숲체험원을 방문해 부모와 아이들이 자유롭게 숲체험을 할 수 있습니다. (평일 오후 방문시 사전에 자유체험이 가능한지 문의하고 가는 것을 권해드립니다.)

· 전국 유아숲체험원 목록(2021년 현재)

   https://www.fowi.or.kr/user/contents/contentsView.do?cntntsId=33

아이와 함께 가볼 만한 놀이터 및 공원 추천 장소

· 서울 하계 어린이공원—서울 노원구 하계동 107-2

· 서울숲 숲속놀이터—서울 성동구 뚝섬로 273

· 서울 문래근린공원 창의놀이터—서울 영등포구 문래동 3가 66

· 서울 양천근린공원 창의놀이터—서울 양천구 목동동로 111

· 서울 삼각어린이공원 창의놀이터─서울 구로구 새말로 18길 112

· 서울 길동 자연생태공원─서울 강동구 천호대로 1291

· 서울 아차산 생태공원─서울 광진구 워커힐로127

· 서울 여의도 샛강생태공원─서울 영등포구 여의도동 49

· 서울 강서 습지 생태공원─서울 강서구 방화동 2-15

· 서울 북한산 생태공원─서울특별시 은평구 불광동 산42-5

· 서울 암사 생태공원─서울 강동구 암사동 616-1

· 서울 개봉 유수지 생태공원─서울 구로구 개봉동 195-7

· 서울 우면산 자연생태공원─서울 서초구 우면동 산34-1

· 서울 창포원─서울 도봉구 마들로 916

· 경기 만골근린공원─경기 용인시 기흥로 116번길 10

· 광주 너릿재 유아숲공원─광주광역시 동구 남문로 48-8

· 나주 금성산 생태숲─전남 나주시 금안2길 207-161 국립나주숲체험원

· 함평 자연생태공원─전남 함평군 대동면 학동로 1398-9

· 순천 기적의 놀이터 1호 엉뚱발뚱─전남 순천시 연향동

· 순천 기적의 놀이터 2호 작전을 시작하지─전남 순천시 해룡면 신대리

· 순천 기적의 놀이터 3호 시가모노─전남 순천시 서면 선평리

· 순천 기적의 놀이터 4호 올라올라─전남 순천시 용담동

보물섬 공원의 생태지도

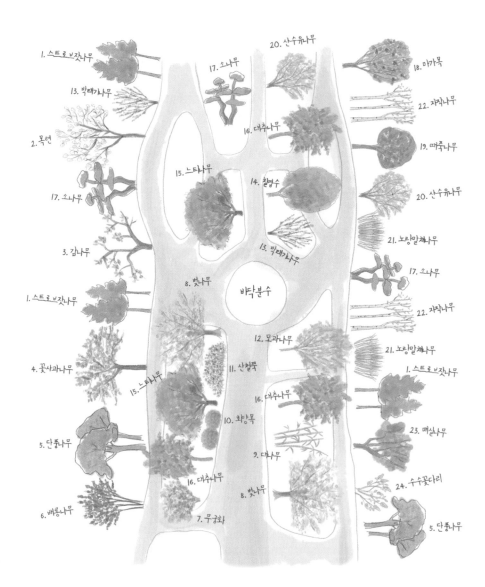

보물섬 공원 생태지도로
월별로 할 수 있는 놀이들

1	스트로브잣나무	사계절: 잣방울로 나뭇잎새, 고슴도치 만들기
2	목련	3월: 겨울눈 가지로 그리기, 겨울눈 껍질로 호랑이 손! 4월: 꽃잎으로 꾸미기, 꽃잎 편지 쓰기 6월: 풋열매로 구성놀이와 색칠하기 10월: 나뭇잎으로 비행기 만들기
3	감나무	5월: 감꽃 6~7월: 풋감 팽이, 감꼭지 미니부케, 감꼭지 요술봉 10월: 감잎 색종이
4	꽃사과나무	10월: 꽃사과로 얼굴 꾸미기
5	단풍나무	4~5월: 비가 온 다음 날 수피에 귀를 대고 물관의 물소리 듣기
6	배롱나무	8월: 떨어진 배롱나무꽃으로 모양 꾸미기
7	무궁화	8~9월: 꽃잎 나비, 닭벼슬, 꽃잎 반지
8	벚나무	4월: 벚꽃 타투 5월: 버찌 악보와 물감놀이 10월: 나뭇잎 왕관
9	대나무	5월: 죽순으로 수묵화 그리기 6~7월: 잎으로 돛단배와 달팽이 만들기
10	회양목	3월: 루페나 돋보기로 꽃 관찰하기 9~10월: 씨앗에서 부엉이 찾기
11	산철쭉	5월: 민들레꽃과 합체, 미니부케 만들기

12	모과나무	10월: 떨어진 열매를 방향제로 사용하기
13	박태기나무	빗방울 맺힌 나뭇잎에서 물방울 모으기
14	칠엽수	9월: 열매로 구슬치기 놀이 11월: 잎자루로 별 만들기
15	느티나무	나뭇잎 스크래치 나뭇잎 부엉이 만들기 떨어진 수피 조각에서 모양 찾기
16	대추나무	열매를 주워 가을 밥상 꾸미기
17	소나무	수피 사이에 작은 열매 끼우기 솔방울 골프 수피로 호랑이 무늬 완성하기
18	마가목	열매를 주워 모양 만들기 소나무 수피 사이에 끼우기 가을 밥상 꾸미기
19	때죽나무	5월: 떨어진 꽃송이로 팔찌, 목걸이, 화관 만들기
20	산수유나무	열매로 모양 만들기 소나무 수피 사이에 열매 끼우기 가을 밥상 꾸미기
21	노랑말채나무	사계절 수피의 색깔 변화 관찰하기
22	자작나무	수피에서 눈(eye) 모양 찾기와 느낌 나누기
23	매실나무	6월: 떨어진 매실 모아 이름 꾸미기, 열매를 통에 던져 넣기
24	수수꽃다리 (라일락)	5월: 꽃을 빨대에 꽂고 입바람 불어 멀리 날려보기

'할미의 숲마실'이 권하는
11살이 되기 전에 해보면 좋을 숲놀이 40선

---

1. 자연물 피리(민들레줄기, 밤, 도토리 각두, 나뭇잎으로 소리 내보기)

7. 자연물 밥상 차리기(도토리 각두 그릇, 쭉정이 밤 껍질 수저, 잔 나뭇가지 젓가락)

2. 자연물 장신구(들꽃으로 반지, 귀걸이, 팔찌 만들어 꾸미기)

8. 자연물 바느질(나뭇잎에 가느다란 풀이나 솔잎으로 바느질하기)

3. 자연물 바람개비(나뭇잎이나 꽃잎으로 바람개비 만들기)

9. 자연물로 색칠하기(나뭇잎, 풀잎, 버찌, 미국자리공 열매, 비트로 색칠하기)

4. 자연물 돛단배(나무껍질이나 열매껍질, 나뭇잎으로 돛단배 만들어 물에 띄우기)

10. 미니 부케 만들기(감꼭지 가운데 구멍에 들꽃과 풀을 꽂아 미니 부케 만들기)

5. 자연물 탑 쌓기(조약돌, 땡감, 도토리 각두로 높이 쌓아보기)

11. 나무 오르기(나무 타기에 좋은 나무를 선택하고 안전성을 확인한 후 나무 오르기)

6. 자연물 팽이(감꼭지, 땡감, 도토리 각두로 팽이 만들기)

12. 큰 언덕에서 구르기(잔디로 된 큰 언덕 위에서 아래로 굴러 내려와 보기)

13. 나뭇가지로 아지트 꾸미기(긴 나뭇가지들을 모아 티피 텐트처럼 세워 아지트 만들기)

20. 맨발 흙길 걷기(흙길에 위험한 것이 없나 살펴보고 맨발로 걸으며 촉감 느껴보기)

14. 개구리 알, 도롱뇽 알 찾아보기(샘이나 냇가에서 개구리나 도롱뇽 알 찾아 관찰하기)

21. 그물로 물고기 잡기(뜰채나 그물로 냇가에서 물고기 잡아보고 놓아주기)

15. 나무나 돌 위에서 중심 잡기(돌이나 작은 그루터기에 올라서 중심을 잡아보기)

22. 냇가에서 댐 쌓기(냇가에서 돌을 모아 쌓고 물길을 막아 댐 쌓아보기)

16. 비 맞고 뛰어다니기(보슬비가 올 때 우산 없이 비를 맞고 뛰어 다녀보기)

23. 열매 따먹기(버찌, 앵두 같은 나무열매나 딸기를 직접 따서 먹어보기)

17. 다양한 흙물로 그리기(황토, 배양토 등 다양한 흙으로 흙물을 만들어 그려보기)

24. 물수제비(납작한 돌을 낮은 자세로 냇물이나 호수 물에 던져 여러 번 튕기게 하기)

18. 낙엽 미끄럼 타기(나뭇잎이 많이 쌓인 비탈길에서 미끄럼 타듯 내려오기)

25. 여름 밤 곤충 관찰(여름 밤, 공원이나 숲에서 사슴벌레나 허물 벗는 매미 관찰하기)

19. 나무 봉 돌리기(매끄러운 긴 나뭇가지를 양손으로 잡고 돌리기)

26. 달팽이 경주(비가 온 다음 날 달팽이 두 마리를 잡아 누가 먼저 가는지 관찰하기)

27. 해 지는 것 보기(주변에 일몰 보기 좋은 장소를 찾아가 해 지는 모습을 관찰하기)

35. 해 뜨는 것 보기(일출을 잘 볼 장소를 찾고, 일출 시간에 맞게 나가 뜨는 해 보기)

28. 나뭇잎 왕관(양버즘나무 잎이나 벚나무 잎으로 왕관 만들어 써보기)

36. 그림자놀이(햇빛 좋은 날, 해를 등져서 생긴 그림자에 자연물로 얼굴과 머리 꾸미기)

29. 풀로 머리 따보기(그늘사초처럼 가늘고 긴 풀로 양 갈래 머리를 따본다)

37. 수경재배로 키워서 먹어 보기(겨울에 미나리, 양파, 새싹 채소를 물로 키워 먹어 보기)

30. 자연물로 만다라 만들기(꽃잎이나 작은 열매로 만다라 문양 꾸미기)

38. 눈 케이크 만들기(딸기 대야에 눈을 꽉 채워 엎고 윗부분을 자연물로 꾸며 케이크 만들기)

31. 플로깅(산책하면서 쓰레기를 줍는 환경 활동)

32. 얼음 썰매 타기(얼음판이 잘 얼어 단단한지 확인하고 얼음 썰매를 타기)

39. 마술봉 만들기(잎자루가 긴 단풍잎을 모아 나뭇가지 끝에 꽃철사로 단단히 묶어준다)

33. 나뭇가지 미로(종이에 그린 미로를 보고 땅에 나뭇가지를 놓아 미로로 만들어 놀기)

40. 얼음 리스 만들기(원기둥 모양 그릇 가운데 작은 원기둥을 세우고 나머지 부분에 물과 자연물을 넣어 꽁꽁 얼린 후 그릇과 원기둥을 제거하면 얼음 리스 완성)

34. 연 날리기(연을 만들어 바람 부는 날 날리거나 시판 연을 사서 날려보기)

할미의 숲마실

1판 1쇄 펴냄 2022년 4월 28일
1판 3쇄 펴냄 2023년 8월 18일

지은이 전명옥

주간 김현숙 | **편집** 김주희, 이나연
디자인 이현정, 전미혜
영업·제작 백국현 | **관리** 오유나

펴낸곳 궁리출판 | **펴낸이** 이갑수

등록 1999년 3월 29일 제300-2004-162호
주소 10881 경기도 파주시 회동길 325-12
전화 031-955-9818 | **팩스** 031-955-9848
홈페이지 www.kungree.com
전자우편 kungree@kungree.com
페이스북 /kungreepress | **트위터** @kungreepress
인스타그램 /kungree_press

ISBN 978-89-5820-766-5   03480

책값은 뒤표지에 있습니다.
파본은 구입하신 서점에서 바꾸어 드립니다.